石油化工设备维护检修规程

第十册

空 分 设 备

2019 版

中国石油化工集团有限公司
中国石油化工股份有限公司 组织编写

中国石化出版社

图书在版编目（CIP）数据

石油化工设备维护检修规程：2019 版．第十册，空分设备 / 中国石油化工集团有限公司，中国石油化工股份有限公司组织编写．—北京：中国石化出版社，2019.12
ISBN 978-7-5114-5617-5

Ⅰ.①石… Ⅱ.①中…②中… Ⅲ.①石油化工设备-检修-技术操作规程②空气分离设备-检修-技术操作规程 Ⅳ.①TE960.7-65

中国版本图书馆 CIP 数据核字（2019）第 274014 号

中国石化出版社出版发行
地址：北京市东城区安定门外大街 58 号
邮编：100011　电话：(010)57512500
发行部电话：(010)57512575
http://www.sinopec-press.com
E-mail：press@sinopec.com
北京科信印刷有限公司印刷
全国各地新华书店经销
*
787×1092 毫米 16 开本 12.5 印张 283 千字
2020 年 1 月第 1 版　2020 年 1 月第 1 次印刷
定价：160.00 元

《石油化工设备维护检修规程》
修编指导委员会

《石油化工设备维护检修规程》
修编专家库

（以姓氏笔画为序）

于晓鹏　王建军　王　群　方紫咪　叶国庆　白　桦

邢　勐　吕　伟　吕建成　朱有志　朱　哲　朱晓明

朱瑞松　任　刚　任名晨　刘子英　刘训书　刘国帅

刘　昕　刘　栋　刘振宁　刘海春　刘　骏　安永明

孙新文　麦郁穗　杜博华　李　江　李江平　李志远

李　晖　李海根　吴尚兵　岑奇顺　何承厚　佘东升

邹吉翼　汪剑波　沈顺弟　张庆河　张如俊　张继兵

张森林　张锁有　陈立义　陈立群　陈永忠　陈志雄

陈金林　陈董清　邰爱民　金　强　周　卫　周文鹏

郑显伟　赵宝成　赵　勇　胡　佳　姜　琳　袁代红

袁红斌　栗雪勇　顾雪冬　钱青松　侯言超　徐文广

徐旺喜　徐继斌　黄绍硕　黄夏林　黄　强　黄勤卫

常培挺　康宝惠　章　文　彭学群　董玉波　董雪林

蒋利军　游碧龙　谢小强　谢道雄　蔡培源　黎德初

潘地培　潘向阳

空分设备专业组

组长单位： 中国石油化工股份有限公司安庆分公司

组员单位： 杭州杭氧股份有限公司

中国石油化工股份有限公司巴陵分公司

中国石油化工股份有限公司湖北化肥分公司

空分设备专业审查专家组

组　长： 储昭松

成　员： 郑显伟　陈董清　方紫咪　陈建功　林昌基

章友祥　陈玉道　李海根　邹　强　陈秋平

付宏图　初泰安　杨善文　冷观富　刘　洁

《石油化工设备维护检修规程》编辑部

主　任： 白　桦

副主任： 潘向阳

成　员： 李跃进　龚志民　孙立泉　蒋　璐　吕芳蕾

《石油化工设备维护检修规程》(2019)修订编制说明

《石油化工设备维护检修规程》(以下简称《规程》),自2004年出版发行以来,作为石化设备完整性管理的支持性文件,在加强石化企业设备完整性管理,提高设备维护检修水平,确保装置安全、稳定、长周期运行等方面发挥了积极作用,受到了广大石油化工设备管理及维护检修人员的欢迎。

随着新装置、新设备的增加,石油化工设备维护检修技术得到了较大的发展,同时,新工艺、新技术、新工具在设备的检维修方面逐步得到应用,装置检修周期已逐步提高到三年、四年或者更长的时间,对设备的正常维护、科学检修提出了更高的要求;随着特种设备、安全环保等方面新的法规、标准颁布,2004版《规程》部分内容已经不能满足石化企业目前设备维护检修工作的需要。

为进一步完善规程,更科学地指导企业石油化工设备的维护检修工作,不断提高设备维护检修质量和设备管理水平,以便适应装置长周期运行的要求,实现企业效益的最大化,中国石化总部决定对2004版《规程》进行修订编制。

为加强对《规程》修编工作的领导,2017年8月中国石化总部组织成立了《规程》修编指导委员会,时任集团公司总经理戴厚良任指导委员会主任,化工事业部牵头,徐钢任副主任,承担了具体领导和组织工作,炼油事业部、资本运营部、生产经营管理部、能源管理与环境保护部和石化出版社的有关领导任副主任,石化企业的设备经理任委员。委员会下设通用设备组、炼油设备组、化工设备组、化纤设备组、碳一化工设备组、电气设备组、仪表组、热电联产设备组、环保设备组、空分设备组、储运设备组等11个专业组,具体负责各专业规程的修编工作。为确保《规程》修编质量,成立了《规程》修编专家库,由国内石化设备相关领域的专家组成;特别邀请了沈鼓集团、陕鼓集团、大橡塑、杭汽集团、杭氧股份、浙江中控、天华院、中密控股、哈博时、吴忠仪表、南防集团、时林公司等优秀石化设备供应商、服务商直接参与规程的修编工作；中国石油、中国海油和中国中化各相关单位及石油石化建安检维修专业协会下属各检维修单位参与了规程审查工作。在石化出版社设立《规程》编辑部，负责规程修编的具体组织以及稿件编辑和出版技术工作。

本次修编工作，新增了48项装置维护检修规程，规定了各装置的主要设备和专用设备的检修周期、检修项目及质量要求、检修过程管理和日常维护等相关内容，同时结合装置的工艺路线，介绍了装置的工艺特性和危害特性，可为编制装置设备检修计划提供指导；新编和调整了部分设备维护检修规程，原部分按照工艺名称命名的设备按照结构进行合并调整；删除了原《规程》中已经淘汰的设备和技术陈旧或经过试行证明不合实际甚至错误的内容，调整后共计286项设备维护检修规程。

2019版《规程》按照GB/T 1.1要求，对规程进行规范，增加了前言、规范性引用文件、附录等内容；对规程中术语进行了统一，力求语言表述规范化；对设备检修周期进行了调整，删除了小修与中修的提法，将小修和中修的部分内容并入大修，日常维护的内容并入了维护章节中，同时将检修项目分解成拆卸程序与要求、回装程序与要求，进一步细化了检修工序，使规程更具可操作性；故障处理章节按照RCM的分析方法重新编制。

在《规程》修编过程中，力图按照信息化、数字化的要求，将维护检修的内容尽量工序化、条目化，为今后石油化工设备维护检修建立统一的信息化管理平台奠定良好的基础。

本次修订编制工作，中国石化各相关企业领导、设备管理人员给予了大力支持，同时得到了中国石油、中国海油、中国中化等兄弟企业以及设备供应商、服务商、检维修单位的大力支持，在此表示衷心感谢。

新编的规程，特别是装置维护检修规程，是新的尝试，还有一个试用的过程；即使是修订的设备规程，由于修订量较大，也难免会有疏漏甚至错误，敬请广大读者提出宝贵意见和建议，以便修订时补充更正。

《石油化工设备维护检修规程》修编指导委员会
2019年11月18日

《石油化工设备维护检修规程》（2004）修订编制说明

由原中国石油化工总公司生产部1992年组织编制完成、中国石化出版社1993年出版印发各石化企业试行的《石油化工设备维护检修规程》（以下简称《规程》），在加强石化企业设备管理、搞好维护和科学检修、提高设备的可靠度、延长装置运行周期、确保“安、稳、长、满、优”生产方面起到了一定的作用，深受石化企业的好评。

该《规程》出版试行以来，迄今已有十个年头。十年来，随着石油化工技术的进步，石油化工设备维护检修技术得到了较大的发展；随着新装置、新设备的不断增加，原《规程》需要扩大它的涵盖面；随着新工艺、新技术的应用，装置检修由原来的“一年一修”提高到目前的两年、三年甚至更长的检修周期，对设备的正常维护、科学检修提出了更高的要求；随着我国有关压力容器、计量管理、劳动安全等方面新法规和条例的颁布，原《规程》部分内容已不适应新的要求。因此，无论在涵盖面还是技术内容上，原《规程》已不能满足石化企业目前设备维护检修工作的需要。

为进一步完善《规程》，更科学地指导企业石油化工设备的维护检修工作、不断提高设备维护检修质量和设备管理水平、适应装置长周期运行的要求，以实现企业效益的最大化，中国石油化工集团公司和股份公司总部决定对原《规程》组织有关企业进行一次修订。

为了加强对《规程》修订工作的领导，石化集团公司及股份公司于2003年6月组成了以股份公司高级副总裁曹湘洪为主任、炼油事业部、化工事业部、炼化企业经营管理部和中国石化出版社有关领导为副主任、总部有关部门和石化企业有关同志参加的《规程》修订编制委员会，负责修订编制工作的领导。委员会下设炼油、化工、系统三个专业委员会，负责具体组织各专业规程的修订编制工作，并在石化出版社设立《规程》修订编辑部，负责具体的文字编辑和出版技术工作。

本次修订编制工作，按专业进行了分工，将原《规程》10个专业（408个单项规程）划分为三大部分，分别由炼油、化工、系统三个专业委员会负责组织修订、编制及审查工作。炼油专业委员会由炼油事业部牵头，负责通用设备、炼油设备、电气设备和仪表4个专业；化工专业委员会由化工事业部牵头，负责化工设备、化纤设备和化肥设备3

个专业；系统专业委员会由炼化企业经营管理部牵头，负责电站设备、供排水设备和空分设备3个专业。每个专业成立修订编制专业组，分别由中国石油化工集团公司和股份公司下属有关企业担任专业组组长单位，石化企业上千人参与了修订编制工作。

本次修订编制工作，主要遵循了以下几个基本原则：

(1) 应反映出石油化工设备维护检修技术的最新发展，以及对设备维护、检修在工艺、技术上的更高要求。

(2) 根据目前新颁布的有关法规、条例，对原《规程》的相关内容进行更新。

(3) 删减及修改原《规程》中涉及的已经淘汰的设备和技术陈旧或经过试行证明不切合实际甚至错误的内容。

(4) 增补《规程》中未涉及的新装置、新设备，编制增加有关内容，扩大《规程》的涵盖面。

(5) 修订和改进原《规程》中的排版、印刷方面的错误等。

本次修订编制工作的范围，主要针对中国石化系统涵盖面广、大多数企业共有的普遍性设备；对数量极少或某个企业独有的设备未列入本次修订的范围，可由设备所在企业根据情况，进行修订编制，作为本企业的规程。

由于中国石化集团公司和股份公司领导的重视，炼油事业部、化工事业部、炼化企业经营管理部、石化出版社和各有关企业的大力支持，以及全体参加修订编制人员的共同努力，整个修订编制工作进行得比较顺利。由2003年6月总部以中国石化社〔2003〕7号文“关于组织修订《石油化工设备维护检修规程》的通知”下达，整个修订编制工作正式开始起动，到2004年6月底全部修订编制工作完成，总共用了1年的时间。修订编制后的《规程》，经过删减和增补，最终共有395个单项规程，分为159个单行本，10个合订本，由中国石化出版社出版发行。

本次修订编制，除了对原《规程》进行修订外，还增补制订了一些新的单项规程。新编的规程，还有一个试行的过程；即使修订的规程，由于修订人的水平不一，也难免会有一些不适应的内容，因而各企业在执行过程中，希望能积极反馈宝贵意见。有问题和不足之处，请及时向总部有关部门提出，总部将汇总研究，于今后适当时刻给予进一步修订，使之更加完善。

本《规程》在修订编制过程中，各石化企业领导、有关设备管理、维护、检修的工程技术人员和广大职工给予了热情的帮助和大力支持，在此谨表衷心的感谢。

《石油化工设备维护检修规程》修订编制委员会

2004年6月1日

《石油化工设备维护检修规程》(1992)编制说明

随着我国石油化学工业的迅速发展，近年来一大批新装置、新设备陆续投产，并由此推动了设备维护检修技术的不断发展。总公司成立以来，设备维修一直沿用及参照十几年前有关行业部门颁发的维护检修规程进行。这些规程无论在覆盖面上，还是在技术内容上已不能满足目前设备维护检修工作的需要，且部分内容已不符合我国新颁布的有关法规或规定的要求。因此，不少企业多次要求总公司发挥石化集团的整体优势，统一编制出一整套能满足我国现代石油化工生产、指导设备维护检修工作的《石油化工设备维护检修规程》(以下简称《规程》。

为搞好设备的精心维护和科学检修，不断提高维护检修质量，向设备的可靠度深化，总公司生产部于1990年开始组织有关石化企业着手进行《规程》的编制筹备工作，并于1991午4月正式成立编委会，以大连石油化工公司、抚顺石油化工公司、北京燕山石油化工公司、辽阳石油化纤公司、大庆石油化工总厂、齐鲁石油化工公司、上海石油化工总厂、安庆石油化工总厂、金陵石油化工公司及扬子石油化工公司等10家直属石化企业为专业编制组组长单位，分别负责牵头，全面开展通用、炼油、化工、化纤、化肥、电气、仪表、电站、锅炉、供排水和空分等设备维护检修规程的编制工作。总公司系统有35家生产企业1000余人参加了《规程》的资料收集、调研、编写、修改和审查工作。由于总公司领导的重视，各有关企业的大力支持和全体参编人员的共同努力，整个编制工作进展顺利，至1992年10月全部编制完成。全套《规程》共有500个单项规程，约600万字，分168个单行本，9个合订本，由中国石化出版社负责出版发行。

这套《规程》在参考原有有关规程、标准的基础上，总结并采用石化企业长期实践中积累的成熟经验，吸收国内外石化设备维护检修方面的先进技术，贯彻国家现行的有关法规，力图做到反映先进的维护检修技术，有利于加强设备管理，有利于搞好设备的精心维护和科学检修，时提高设备的维修质量，保证装置“安、稳、长、满、优”生产将起到积极作用。

总公司系统生产企业现有近千套装置、100万台设备，门类品种繁多。由于受调研范围、时间和篇幅的限制，本《规程》只编制了主要的和量大面广的设备。由于水平有限，内容和深度也不尽完善，希望各单位在试行中不断总结、积累经验，提出修改意见，待意见汇总后，再行修订补充，使之更加完善。

在编制本《规程》过程中，得到了有关单位领导、工程技术人员和广大职工的大力支持，在此一并表示衷心感谢。

《石油化工设备维护检修规程》编制委员会

1992年10月20日

关于《石油化工设备维护检修规程》第十册《空分设备》修订编制说明

本规程是由中国石油化工股份有限公司安庆分公司和杭州杭氧股份有限公司等单位相关专业技术人员修订编制，由各企业选派优秀的专业技术人员和集团公司特邀专家经过两次评审修改后通过。修订编制后的规程更具有适应性、代表性、实用性和前瞻性。

针对空分装置逐步大型化的发展趋势，编委会和全体参加编制的专业技术人员结合2004版《石油化工设备维护检修规程》第一册《通用设备》、第三册《化工设备》、第十册《空分设备》的编制现状，SHS 10002《透平式膨胀机维护检修规程》和SHS 03063《透平膨胀机维护检修规程》名称类同、主要检修内容相似的规程进行了合并，纳入《石油化工设备维护检修规程》第一册《通用设备》，规程编号及名称为SHS 01047—2019《透平式膨胀机维护检修规程》；取消了SHS 10001《活塞式膨胀机维护检修规程》、SHS 10003《活塞式冷冻机组维护检修规程》、SHS 10004《透平式冷冻机组维护检修规程》，并入《石油化工设备维护检修规程》第一册《通用设备》中编写、出版；删除了退出使用的SHS 10006《蓄冷器维护检修规程》。增加了《空分装置维护检修规程》；更名了2个维护检修规程，SHS 10008《切换板翅式换热器维护检修规程》更名为SHS 10008《板翅式换热器维护检修规程》，SHS 10009《空分塔维护检修规程》更名为SHS 10009《空分冷箱维护检修规程》。经过对规程合并、取消、删除及增加后，本册最终规程编制数量为：装置维护检修规程1项，设备维护检修规程11项。

相关规程修订情况如下：

一、规程编写规范性引用文件增加了新的国家、行业标准、规范及厂家使用维护说明书等。另外，对规程中技术的专用术语进行了统一，力求语言表述规范化。同时明确了规程适用各类设备的型号。

二、为满足生产装置长周期运行，检修内容应全面、具体，本次规程对设备检修周期进行了调整，删除了小修与中修的提法，将小修和中修的部分内容并入检修，日常维护的内容并入了“运行维护与故障处理”中，同时将检修项目分解成拆卸、回装程序与要求，进一步细化了检修内容，使规程更具可操作性。

三、在规程“检修周期与内容”章节中增加了设备结构简图及零部件说明，对设备的功能作用进行了定性的描述。

四、规程对“检修前准备”进行了模块格式化，充分体现出检修以及检修过程中安全和环保的有关要求。

五、根据空分设备使用的特殊性，对耐压试验、气密试验的介质、清洁度提出了明确要求。

六、对原规程“常见故障与处理表”进行了修改和必要的增补，采用RCM分析方法，明确设备故障的后果，制定维修策略和维修周期。

七、规程对检修质量控制提出了明确的表格化确认签字要求，增加了附录A《检修质量控制确认表》，附录B《试验（车）与验收数据记录表》。

目　录

1. 空分装置维护检修规程

SHZ 10001—2019

目　次

前　　言

本规程按照 GB/T 1.1—2009《标准化工作导则　第 1 部分：标准的结构和编写》给出的规则起草。

本规程由中国石油化工集团有限公司、中国石油化工股份有限公司提出。

本规程起草单位：杭州杭氧股份有限公司。

本规程主要起草人：陈建功、钱吉庆。

本规程 2019 年首次发布。

空分装置维护检修规程

1 范围

1.1 本规程规定了以低温法分离空气的空分装置（包括过滤压缩单元、空气预冷单元、空气纯化单元、分馏塔单元和液体贮存单元等）及其主要设备、专用设备的检修周期、检修项目及质量要求、检修过程管理和日常维护的相关内容。
1.2 本规程适用于以低温法分离空气的大中型及以上规模空分装置的检修维护管理，其他小规模空分可参考执行。

2 规范性引用文件

下列文件中的条款通过本规程的引用而成为本规程的条款。凡是注日期的引用文件，其随后所有的修改单（不包括勘误的内容）或修订版均不适用于本标准，然而，鼓励根据本标准达成协议的各方研究是否可使用这些文件的最新版本。凡是不注日期的引用文件，其最新版本适用于本规程。

TSG 08 特种设备使用管理规则
TSG 21 固定式压力容器安全技术监察规程
TSG D0001 压力管道安全技术监察规程——工业管道
GB 50484 石油化工建设工程施工安全技术规程
JB/T 8542 小型空气分离设备
JB/T 8693 大中型空气分离设备
NB/T 12006 特大型空气分离设备
炼油企业检修管理指南
石化设备润滑管理制度

3 术语与定义

下列术语和定义适用于本文件。

3.1 设备功能

设备功能指的是设备的生产效率和功能，衡量设备功能的指标随设备种类不同而异。

3.2 功能故障

设备、设施不能实现其设计功能时，称之为功能故障，定义为设备、设施不能满足期望的性能标准。一般指设备失去或降低其规定功能的事件或现象，表现为设备的某些零件失去原有的精度或性能，使设备不能正常运行、技术性能降低，致使设备中断生产或效率降低而影响生产。

3.3 A 类设备

本规程规定的 A 类设备是指经过以可靠性为中心的维修（RCM）风险评估方法得出的因设备的功能故障引起装置停车的该装置的关键设备。

3.4 B+ 类设备

本规程规定的 B+ 类设备是指经过 RCM 风险评估方法得出的设备的功能故障虽然不引起装置的停车，但对装置的负荷、质量及可靠性具有重大影响的该装置的主要设备。

4 装置特征

空分装置以空气为原料，利用空气中各组分沸点的不同，将空气液化，并通过精馏使得各组分分离，可以生产氧气、液氧、氮气、液氮和稀有气体。

空分装置规模以产氧量来区分，根据 JB/T 8542—2016、JB/T 8693—2015 和 NB/T 12006—2016，产量小于 1000Nm^3/h 的属于小型空分，产量大于等于 1000Nm^3/h 且小于 60000Nm^3/h 的属于大中型空分，产量大于等于 60000Nm^3/h 的属于特大型空分。

目前空分装置主要采用常温分子筛净化、增压膨胀制冷、填料塔精馏、全精馏无氢制氩技术，其流程常分为外压缩流程和内压缩流程两种。本规程对外压缩流程仅作简单介绍，以说明内压缩流程为主。

空分装置外压缩流程示意图详见图 1，空分装置内压缩流程示意图详见图 2。

外压缩流程常用于产品规模不大且压力不高的场合，多见于冶金行业，通过压缩机来压缩空分产出的低压氧气和氮气，达到所需压力。由于通过压缩机来压缩氧气，会产生高温氧气，氧气是强烈助燃的，其安全性相对内压缩来说略低。

内压缩流程常用于产品规模大且压力高的场合，多见于化工行业，是通过低温液体泵对空分产出的液氧和液氮进行加压气化，得到所需高压氧气和氮气。因取消了氧气压缩机，其安全性高于外压缩流程。

空分装置通常由过滤压缩单元、空气预冷单元、空气纯化单元、分馏塔单元和液体贮存单元等组成。

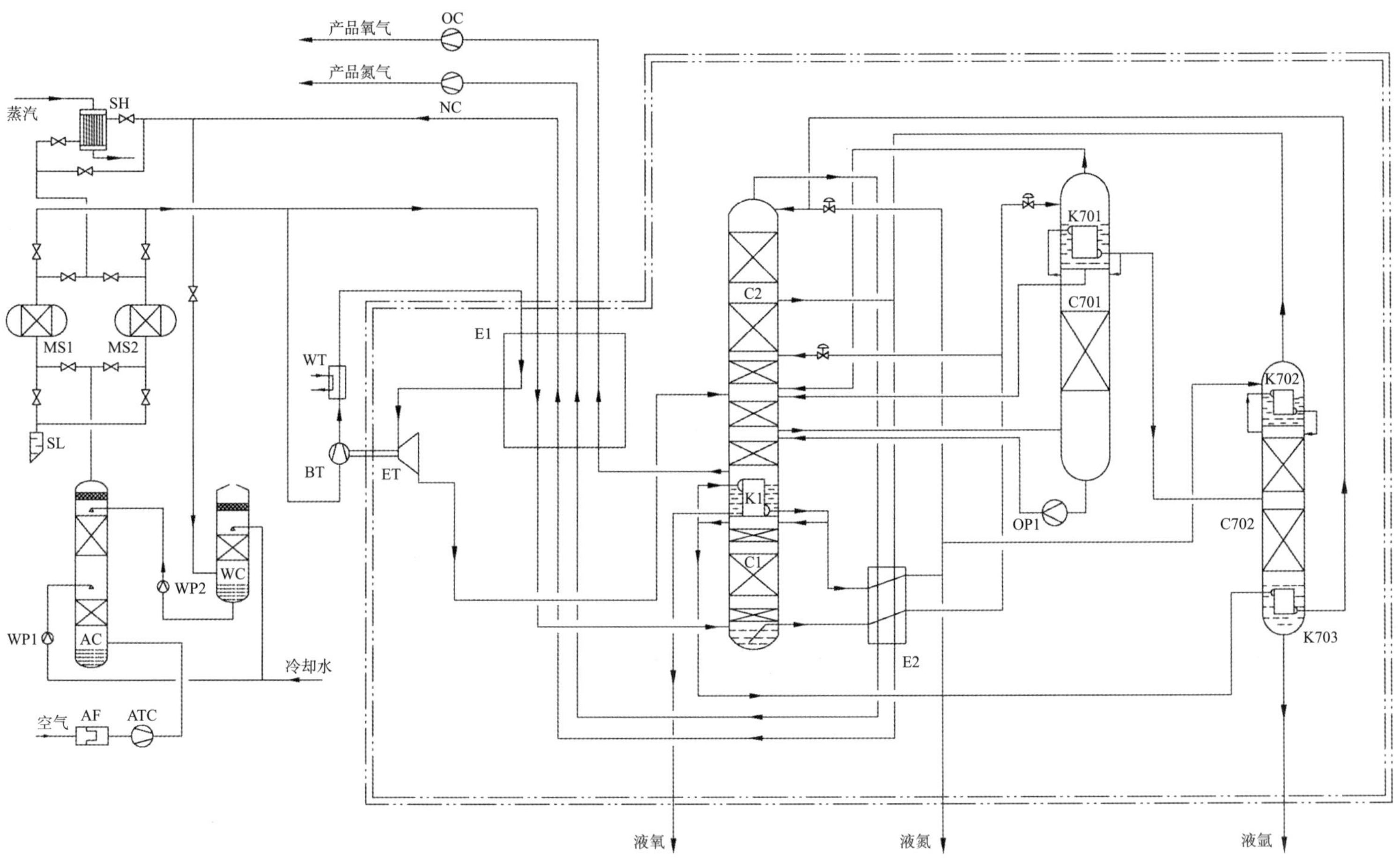

图 1　空分装置外压缩流程示意图

AC—空冷塔；OC—氧气压缩机；C2—上塔；E1—主换热器；K1—主冷凝蒸发器；K703—精氩蒸发器；SL—放空消声器；WC—水冷器；AF—空气过滤器；BT—膨胀机增压端；C701—粗氩塔；E2—过冷器；K701—粗氩冷凝器；MS—分子筛吸附器；OP1—循环粗液氧泵；WP—水泵；ATC—原料空压机；C1—下塔；C702—精氩塔；ET—膨胀机膨胀端；K702—精氩冷凝器；NC—氮气压缩机；SH—蒸汽加热器；WT—水冷却器

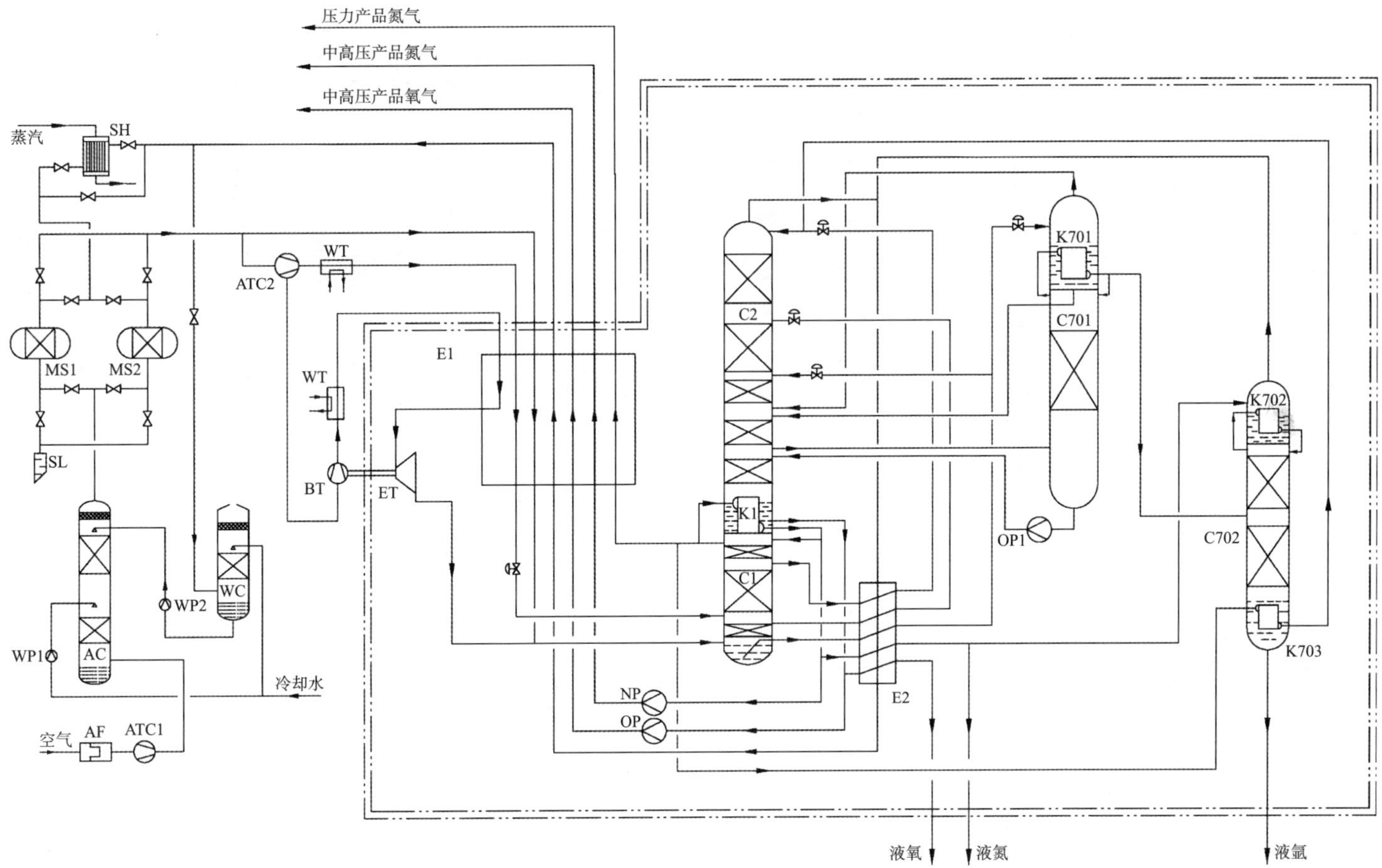

图 2　空分装置内压缩流程示意图

AC—空冷塔；ATC2—空气增压机；C2—上塔；E1—主换热器；K1—主冷凝蒸发器；K703—精氩蒸发器；OP—产品液氧泵；WC—水冷器；SL—放空消声器；AF—空气过滤器；BT—膨胀机增压端；C701—粗氩塔；E2—过冷器；K701—粗氩冷凝器；MS—分子筛吸附器；OP1—循环粗液氧泵；WP—水泵；ATC1—原料空压机；C1—下塔；C702—精氩塔；ET—膨胀机膨胀端；K702—精氩冷凝器；NP—产品液氮泵；SH—蒸汽加热器；WT—水冷却器

4.1 过滤压缩单元

4.1.1 过滤压缩单元工艺流程

本单元作用是过滤大气中的杂质并压缩介质到工艺所需压力。原料空气过滤器可在线维护。原料空气过滤灰尘和机械杂质后，进入原料空气压缩机，达到一定压力后进入空气预冷单元。经空气纯化单元净化后的部分空气或者来自分馏塔的氮气进入增压机增压，为增压膨胀机和中高压液氧气化提供气源并为中高液氧、液氮气化提供热源。

相关工艺流程见图2空分装置流程图。

4.1.2 工艺特性

本单元介质为空气或氮气，无色、无味、无毒，通过压缩机对介质进行压缩做功，提供所需能量。

4.1.3 危害特性

a) 压缩机组与空分其他设备之间联系密切，自动化程度高，工艺连续性强，如一台机组跳车，会造成装置停车。

b) 压缩机组是装置能量的来源，可能引起压力管道、压力容器的超压，从而导致爆炸。

c) 氮气有窒息的危险性。

4.2 空气预冷单元

4.2.1 空气预冷单元工艺流程

本单元作用是降低进分子筛吸附器的空气的温度与含水量。

原料空气压缩机压缩后的热空气进入空冷塔下部，由下而上穿过空冷塔中的传质单元，依次与经水泵加压的常温水和低温水进行逆流传热传质，并除去大部分的水溶性有害物质如NH_3、HCl、SO_2、NO_2等。常温水由循环水系统供给，低温水由水冷塔提供。

污氮气从水冷塔底部进入，与从水冷塔顶部进入的常温水接触，经逆流传热传质，常温水被冷却后，成为空冷塔上部的低温水。

在水冷塔无法提供足够冷量的情况下，也可在低温水泵后设置冷水机组来对水温进行进一步降低。

工艺流程图详见图3。

4.2.2 空气预冷单元工艺特性

本单元介质为空气，无色、无味、无毒，利用冷却水对高温空气进行降温。

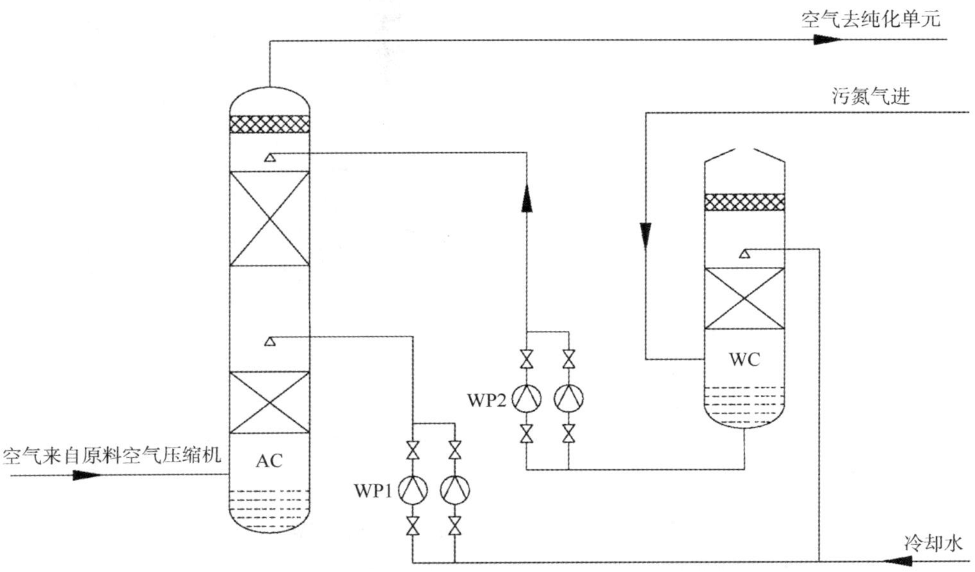

图 3　空气预冷单元流程示意图

AC—空冷塔；WC—水冷塔；WP1—常温水泵；WP2—低温水泵

4.2.3　空气预冷单元危害特性

4.2.3.1　与后续单元联系密切，如停止工作，会造成空分装置停车。

4.2.3.2　有压力管道、压力容器。

4.2.3.3　进空冷塔空气温度高，有烫伤危险，水冷塔内污氮气有窒息的危险性。

4.3　空气纯化单元

4.3.1　空气纯化单元工艺流程及流程图

本单元作用是清除空气中的水分和二氧化碳、乙炔、碳氢化合物等有害气体杂质，这些杂质随空气进入分馏塔单元后，水分和二氧化碳会在低温下冻结成固体杂质，磨损机器运转零件，堵塞换热通道，乙炔等碳氢化合物如果在液氧中浓缩到一定程度下还可能引起爆炸。

工艺流程图详见图 4。

空气经预冷单元降温，进入纯化单元，用吸附剂清除杂质后送入分馏塔单元。

吸附器 2 台，交替使用，一台工作时，另一台被再生。

吸附器的再生一般分四步进行，第一步：降压；第二步：加热；第三步：吹冷；第四步：升压。

降压：吸附器在工作周期即将结束时，须将容器内的带压空气排放出去。

加热：使污氮气经蒸汽加热器或电加热器，被加热到 150℃以上，干燥的热污氮气

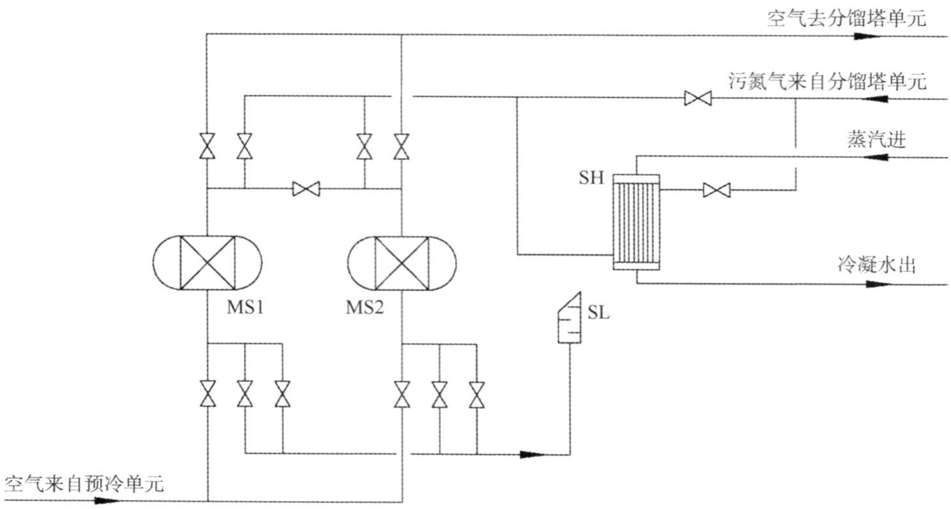

图 4　空气纯化单元流程示意图

MS1—吸附器 1；WS2—吸附器 2；SL—消音器；SH—加热器

通过吸附器，加热内部吸附剂。

吹冷：使吹冷用污氮气不经过加热器而旁通，吹冷吸附器内部吸附剂。

升压：使正在工作的一只吸附器中的空气充入即将再生完毕的一只吸附器中，当压差联锁表示两台压力接近时，说明再生吸附器的压力与工作吸附器的压力已经均衡，升压便结束。

4.3.2　空气纯化单元工艺特性

本单元介质为空气和污氮气，无色、无味、无毒。

4.3.3　空气纯化单元危害特性

4.3.3.1　吸附器：在加温、吹冷阶段时，内部介质为污氮气，有窒息危险。

4.3.3.2　蒸汽加热器：有带压高温蒸汽和凝结水，要防止烫伤事故发生。内部介质为污氮气，有窒息危险。

4.3.3.3　电加热器：有触电危险，要做好相关防触电保护。

4.4　分馏塔单元

4.4.1　分馏塔单元工艺流程及流程图

分馏塔是空分装置的核心单元，也叫空分冷箱，它将膨胀机、换热设备、精馏设备、管道、阀门等集中在空分冷箱中，同时充入珠光砂绝热，空气中各组分低温精馏后得到分离。

本单元包含的设备及流程示意详见图 2 的双点划线框内部分。

空气经纯化单元净化后分为两股，一股进入主换热器，与返流流体换热后进入下塔进行精馏。另一股进入空气增压机，压缩后再分为两路，一路从增压机中段抽出，经膨胀机的增压端增压，进入主换热器被冷却后从中部抽出，进入膨胀机制冷，膨胀后的空气进入下塔；另一路气体经增压机继续增压，再进入主换热器换热，节流后进入下塔。

空气经下塔初步精馏后，可以获得压力氮、液空、污液氮和液氮。下塔抽取液空、污液氮，进入过冷器过冷后送入上塔相应部位。部分液氮经液氮泵加压至所需压力后进入主换热器，复热后出冷箱得到带压氮气产品，部分液氮作为产品直接进入贮槽。

经上塔进一步精馏后，在上塔底部获得液氧，经液氧泵加压至所需压力后进入主换热器，复热后出冷箱得到带压氧气产品。液氧产品从主冷凝蒸发器底部抽出送入贮槽。

从上塔中部抽取一定量的氩馏分送入粗氩塔，氩馏分经粗氩塔精馏得到粗液氩，并送入纯氩塔中部，经纯氩塔精馏后在塔底部得到液氩，送入贮槽。

4.4.2 分馏塔单元工艺特性

本单元介质为空气及其组分，空气在低温液化后进行分离，有大量的低温介质，空气中各组分在 1 个标准大气压下的性质如表 1 所示。

表 1　空气组分性质

名称	化学符号	沸点 /℃	熔点 /℃
氮	N_2	-195.8	-209.7
氧	O_2	-183.0	-218.4
氩	Ar	-185.7	-189.2
氦	He	-268.9	-272.6
氖	Ne	-246.1	-248.6
氪	Kr	-153.2	-157.2
氙	Xe	-108.0	-111.8

4.4.3 分馏塔单元危害特性

4.4.3.1　本单元内介质特性

氧是一种无色、无嗅、无毒的气体，有强烈的助燃作用。氧的浓度越高，燃烧就越剧烈。可燃性物质在较高浓度氧或纯氧中，遇火花会剧烈燃烧，甚至爆炸。如遇带压氧气和液态氧，则情况更会加剧。

氮是一种无色、无嗅、无毒的气体，但在高浓度的情况下，人一旦吸入，引起缺氧，便会窒息，这是很危险的，因为受害者会在事先没有任何不舒服表示的情况下很快失去知觉。

氩、氖、氦、氪、氙等稀有气体也具有和氮相似的性质。

4.4.3.2　本单元含大量液化气体，温度极低，若与人的皮肤接触，将引起冻伤，类似严重烧伤。在处理低温液化气体时，必须穿着必要的保护服装，以防止液体触及皮肤。

4.4.3.3　低温液体在受热后易急剧气化，冷箱在进行珠光砂卸除作业时需注意防止发生砂爆事故，以免导致人员窒息。

4.4.3.4　液氧中碳氢化合物的含量需严格按说明书的要求控制，如含量超标可能会导致发生爆炸事故。

4.4.3.5　有压力管道和压力容器。

4.4.3.6　设备检修维护必须在确认断电，同时处于常温、常压状态，氧气浓度合适的情况下方可进行。

4.5　液体贮存单元

4.5.1　液体贮存单元工艺流程及流程图

空分设备会生产一定量的液氧、液氮等低温液体产品，该部分产品进入贮槽贮存，在空分装置故障停车时，可以利用贮存的液体产品加压气化，维持生产。

液体贮存系统主要由不同规格贮槽、低温液体泵和气化器组成。

贮槽通常是双层结构，内容器（亦称内胆）贮存低温液体，内容器与外容器（外壳）之间形成绝热夹层，绝热夹层多采用抽真空和填充珠光砂方式，以减少由传导、对流、辐射而导入内容器的热量。真空粉末绝热贮槽可以承受一定压力，适用于需贮存的液体量不大的场合。粉末充氮贮槽是常压的，适用于需贮存液体量大的场合。

低温液体泵根据所需流量和压力，可以选用往复式或离心式。

气化器根据热源的不同，可分为空浴式和水浴式。空浴式气化器利用大气作为热源，较为节能，但占地面积大，无法长期连续工作。水浴式气化器占地面积较小，可持续工作，但必须提供热源。

本单元工艺流程以水浴式气化器为例示意，详见图 5，从空分来的低温液体进入贮槽贮存，在需要时启动液体泵，对液体进行加压，然后送入气化器，被热源气化到所需压力，并复热到常温后送出。

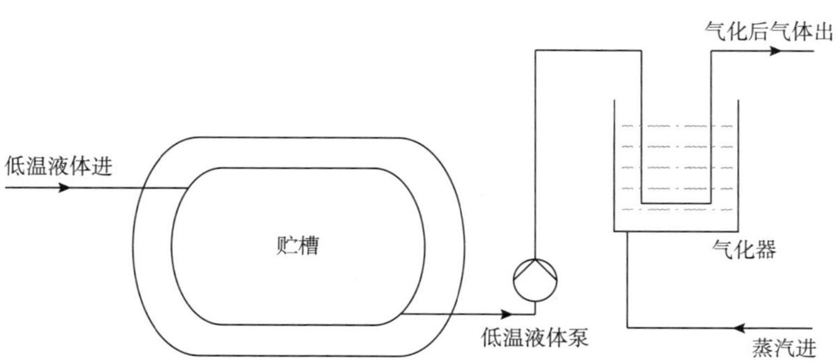

图 5　液体贮存单元流程示意图

4.5.2 液体贮存单元工艺特性

本单元介质为空气及其组分的液体气体及其加温气化后的带压气体，其特性参见本规程“4.4.2”。

4.5.3 液体贮存单元危害特性

4.5.3.1 同4.4.3.1、4.4.3.2、4.4.3.3、4.4.3.4、4.4.3.5。
4.5.3.2 应注意气化器的工作状态，防止冻结，防止输出气体温度过低。

5 检修周期及检修项目

5.1 主要设备

5.1.1 过滤压缩单元设备

过滤压缩单元主要设备见表2。

表2 过滤压缩单元主要设备

<table>
<tr><th>名称</th><th colspan="2">设备种类</th><th>主要设备</th><th>检修规程编号</th></tr>
<tr><td rowspan="2">动设备</td><td>压缩机</td><td></td><td>原料空气压缩机
空气（氮气）增压机</td><td>SHS 01018
SHS 01019
SHS 01020
SHS 01050</td></tr>
<tr><td colspan="2">汽轮机</td><td>驱动汽轮机</td><td>SHS 03004</td></tr>
<tr><td rowspan="4">静设备</td><td colspan="2">换热器</td><td>压缩机气体冷却器</td><td>SHS 01009</td></tr>
<tr><td colspan="2">过滤器</td><td>原料空气过滤器</td><td></td></tr>
<tr><td colspan="3">压力管道</td><td>SHS 01005</td></tr>
<tr><td colspan="3">安全阀</td><td></td></tr>
<tr><td rowspan="2">仪表</td><td>控制系统</td><td>集散控制系统（DCS）、可编程控制系统（PLC）、机组控制系统（CCS或ITCC）、工业控制计算机系统（IPC）、监控和数据采集系统（SCADA）</td><td colspan="2">集散控制系统（DCS）；
可编程控制系统（PLC）；
机组控制系统（CCS或ITCC）</td></tr>
<tr><td>在线分析仪表</td><td>工业气相色谱仪、氧分析仪、红外分析仪、质谱仪、pH计、电导仪、水分仪</td><td colspan="2">大气二氧化碳分析仪；
凝结水电导仪</td></tr>
</table>

表 2 过滤压缩单元主要设备（续）

名称	设备种类		主要设备	检修规程编号
电气设备	电动机	低压电动机	电动机	
		高压电动机	电动机	
	电缆	二次控制电缆		
	控制盘	低压控制盘		
	动力盘	低压动力盘		

5.1.2 空气预冷单元设备

空气预冷单元主要设备见表 3。

表 3 空气预冷单元主要设备

名称	设备种类		主要设备	检修规程编号
动设备	泵	离心泵	常温水泵 低温水泵	SHS 01013
	压缩机		螺杆式冷冻机	SHS 01021
静设备	塔	板式塔、填料塔	空冷塔	SHS 10005
			水冷塔	SHS 10006
	压力管道			SHS 01005
	安全阀			
仪表	常规仪表	检测仪表、显示或报警仪表、控制仪表、辅助单元、执行器及其附件	热电阻温度检测仪表、差压式液位检测仪表、翻板液位检测仪表、压力检测仪表、气动薄膜式调节阀、阀门定位器、电磁阀、行程开关、过滤减压阀	
	控制系统	集散控制系统（DCS）、可编程控制系统（PLC）、机组控制系统（CCS 或 ITCC）、工业控制计算机系统（IPC）、监控和数据采集系统（SCADA）	集散控制系统（DCS）	
电气设备	电动机	低压电动机	电动机	
		高压电动机	无	
	变频器	变频器	变频器	
	电缆	二次控制电缆		
	控制盘	低压控制盘		
	动力盘	低压动力盘		

5.1.3 空气纯化单元设备

空气纯化单元主要设备见表 4。

表 4 空气纯化单元主要设备

名称	设备种类		主要设备	检修规程编号
静设备	压力容器		吸附器	SHS 10007
			蒸汽加热器	SHS 10012
	常压容器		电加热器	SHS 10011
			消声器	
	压力管道			SHS 01005
	阀门		切换阀	
仪表	常规仪表	检测仪表、显示或报警仪表、控制仪表、辅助单元、执行器及其附件	热电阻温度检测仪表、差压式液位检测仪表、差压式流量检测仪表、压力检测仪表、气动薄膜式调节阀、气缸式调节阀、阀门定位器、电磁阀、行程开关、过滤减压阀	
	控制系统	集散控制系统（DCS）、可编程控制系统（PLC）、机组控制系统（CCS 或 ITCC）、工业控制计算机系统（IPC）、监控和数据采集系统（SCADA）	集散控制系统（DCS）	
	在线分析仪表	工业气相色谱仪、氧分析仪、红外分析仪、质谱仪、pH 计、电导仪、水分仪	二氧化碳分析仪，水分析仪	
电气设备	加热器		电加热器	
	电缆	二次控制电缆		
	控制盘	低压控制盘		
	动力盘	低压动力盘		

5.1.4 分馏塔单元设备

分馏塔单元主要设备见表 5。

表 5 分馏塔单元主要设备

名称	设备种类		主要设备	检修规程编号
动设备	泵	离心泵	液氮泵、液氧泵、粗液氧泵	SHS 01013
		往复泵	中压氩泵	SHS 01015
	膨胀机	透平式膨胀机	增压透平膨胀机	SHS 01047
		液体膨胀机	液体膨胀机	SHS 01047

表 5 分馏塔单元主要设备（续）

名称	设备种类		主要设备	检修规程编号
静设备	换热器		主换热器、过冷器	SHS 10008
			主冷凝蒸发器、粗氩冷凝器、纯氩冷凝器、纯氩蒸发器	
	塔		上塔、下塔、粗氩塔、纯氩塔	SHS 01009
	安全阀			
仪表	常规仪表	检测仪表、显示或报警仪表、控制仪表、辅助单元、执行器及其附件	热电阻温度检测仪表、压力检测仪表、气动薄膜式调节阀、气缸式调节阀、阀门定位器、电磁阀、行程开关、过滤减压阀	
	控制系统	集散控制系统（DCS）、可编程控制系统（PLC）、机组控制系统（CCS 或 ITCC）、工业控制计算机系统（IPC）、监控和数据采集系统（SCADA）	集散控制系统（DCS）	
	在线分析仪表	工业气相色谱仪、氧分析仪、红外分析仪、质谱仪、pH 计、电导仪、水分仪	碳氢化合物色谱仪、红外线二氧化碳分析仪、微量水分析仪、纯氧分析仪、微量氧分析仪、氧化亚氮分析仪	
电气设备	电动机	低压电动机		
	变频器	变频器		
	电缆	二次控制电缆		
	控制盘	低压控制盘		
	动力盘	低压动力盘		

5.1.5 液体贮存单元设备

液体贮存单元主要设备见表 6。

表 6 液体贮存单元主要设备

名称	设备种类		主要设备	检修规程编号
动设备	泵	离心泵	液氮泵、液氧泵、液氩泵	SHS 01013
		往复泵	液氮泵、液氧泵、液氩泵	SHS 01015
静设备	贮槽		真空粉末低温液体绝热贮槽	SHS 10013
			粉末充氮低温液体贮槽	SHS 10014
	低温液体气化器		液氧、液氮、液氩气化器	SHS 10015
	安全阀			

表 6　液体贮存单元主要设备（续）

名称	设备种类		主要设备	检修规程编号
仪表	常规仪表	检测仪表、显示或报警仪表、控制仪表、辅助单元、执行器及其附件	热电阻温度检测仪表、压力检测仪表、气动薄膜式调节阀、阀门定位器、电磁阀、行程开关、过滤减压阀	
	控制系统	集散控制系统（DCS）、可编程控制系统（PLC）、机组控制系统（CCS 或 ITCC）、工业控制计算机系统（IPC）、监控和数据采集系统（SCADA）	集散控制系统（DCS）	
电气设备	电动机	低压电动机		
	变频器	变频器		
	电缆	二次控制电缆		
	控制盘	低压控制盘		
	动力盘	低压动力盘		

5.2　检修周期

5.2.1　空分装置检修应根据实际运行情况进行定期停车检修，检修周期按 12 ～ 120 个月确定。

5.2.2　有备用设备的或日常可以进行检修的一般不列入大修项目。

5.3　检修内容

5.3.1　确定检修内容的依据

a) 按法律法规要求的特种设备定期检验。

b) 不符合国家安全与环境保护、节能要求的设备改造和更新。

c) 对本次检修或下次检修之前已到法定检验时间的计量设施。

d) 设备状况

静设备：塔、换热器、反应器、容器等设备内部因内构件损坏、杂质堵塞等原因造成运行状况恶化、性能降低等；

工业管道：工艺管线因泄漏或堵塞等原因造成运行状况不良、性能降低等；

转动设备：磨损、疲劳、泄漏、振动等原因造成运行状况恶化、性能降低等；

电气设备：部件老化等原因造成运行状况恶化、性能降低等；

仪表设备：部件老化等原因造成运行状况恶化、性能降低、软件升级等。

e) 分子筛、氧化铝吸附性能下降或失效。

f) 钢结构平台、设备基础、房屋等建构筑物老化、锈蚀等必须在停车检修期间内维修的项目。

g）安全防护设施失效。

5.3.2 检修具体内容

停车大修是对空分装置安全环保、长周期运行及经济效益有重大影响的设备、管线、电气仪表系统、土建及基础设施等在运行周期内将要发生的功能故障进行全面检修。其他检修是除大修外对装置局部或设备本体有经济运行影响的功能故障而进行的检修。

5.3.2.1 过滤压缩单元主要检修内容

过滤压缩单元主要检修内容见表7。

表7 过滤压缩单元主要检修内容

序号	设备名称	设备功能	功能故障	故障周期/月	检修内容	专业类别
1	原料空气过滤器	过滤空气中的灰尘和机械杂质	阻力过大		在线更换滤筒，阻力一般400～700Pa	
2	原料空气压缩机、空气（氮气）增压机	压缩定量介质气体到要求压力	出口流量压力达不到要求	12～48	检查机组是否存在轴振动高，轴位移大，轴温高，供油压力是否过低，叶轮是否有污损，转子是否平衡，检查防喘振阀门、温度压力仪表、控制系统是否存在故障	A类（通用）

5.3.2.2 空气预冷单元主要设备功能故障分析

空气预冷单元主要设备功能故障分析见表8。

表8 空气预冷单元主要设备功能故障分析

序号	设备名称	设备功能	功能故障	故障周期/月	检修内容	专业类别
1	空冷塔	冷却高温空气到要求温度	空气出口流量温度达不到要求	12～72	检查空冷塔内件是否完好，塔板有无堵塞，填料有无破损； 检查调节阀门是否失效，水过滤器是否堵塞，水泵出口压力、流量是否达到设计值，压力、温度仪表是否故障，是否存在控制系统故障	A类（空分）
2	水冷塔	冷却常温水到要求温度	出口流量温度达不到要求	12～72	检查水冷塔内件是否完好，塔板有无堵塞，填料有误破损； 检查调节阀门是否失效，水过滤器是否堵塞，水泵出口压力、流量是否达到设计值，压力、温度仪表是否故障，是否存在控制系统故障	B+类（空分）

表 8 空气预冷单元主要设备功能故障分析（续）

序号	设备名称	设备功能	功能故障	故障周期／月	检修内容	专业类别
3	冷冻机	冷却常温水到要求温度	冷冻机出口温度高	12 ～ 48	检查润滑油系统、密封气系统、压缩机本体、冷媒保有量。检修前对机组内冷媒进行收集，检修后充氮正压检漏并加注冷媒	B+ 类（空分）

5.3.2.3 空气纯化单元主要设备功能故障分析

空气纯化单元主要设备功能故障分析见表 9。

表 9 空气纯化单元主要设备功能故障分析

序号	设备名称	设备功能	功能故障	故障周期／月	检修内容	专业类别
1	吸附器	吸附空气中的杂质	出口二氧化碳含量超标	12 ～ 72	检查吸附器内部零件是否损坏，分子筛床层是否平稳，分子筛吸附性能是否下降； 检查切换阀、调节阀是否失效，加热器性能是否足够，测量仪表是否故障，是否存在控制系统故障	A 类（空分）
2	蒸汽加热器	加热再生污氮气	加热温度达不到要求 出口气体含水量超标	12 ～ 72	检查法兰垫片是否损坏，是否有蒸汽加热器泄漏； 检查管束、管板是否有内漏	A 类（空分）
3	电加热器	加热再生污氮气	加热温度达不到要求	12 ～ 72	检查电加热元件是否损坏，调功器是否有控制故障，检查保温层是否失效	A 类（空分）

5.3.2.4 分馏塔单元主要设备功能故障分析

分馏塔单元主要设备功能故障分析见表 10。

表 10 分馏塔单元主要设备功能故障分析

序号	设备名称	设备功能	功能故障	故障周期／月	检修内容	专业类别
1	透平膨胀机	制冷	制冷量不足	12 ～ 48	检查机组是否存在轴振动高，轴承温度过高或过低，供油压力是否过低，叶轮是否有污损，转子是否平衡，检查防喘振阀门、调节喷嘴、温度压力仪表、控制系统是否存在故障	A 类（通用）

表 10　分馏塔单元主要设备功能故障分析（续）

序号	设备名称	设备功能	功能故障	故障周期／月	检修内容	专业类别
2	主换热器	换热	换热不充分	36～120	检查换热通道是否堵塞，检查板束单元是否有泄漏	A类（空分）
3	过冷器	换热	换热不充分			
4	主冷凝蒸发器	换热	换热不充分			
5	粗氩冷凝器	换热	换热不充分			
6	纯氩冷凝器	换热	换热不充分			
7	纯氩蒸发器	换热	换热不充分			
8	上塔	精馏	精馏不充分，产品纯度下降			
9	下塔	精馏	精馏不充分，产品纯度下降		检查塔垂直度，检查与塔连接的设备管道是否泄漏； 检查塔内件，筛板塔的塔板是否变形损坏、塔板上的小孔是否堵塞；填料塔的填料是否挤压变形、填料和分布器小孔是否有杂物堵塞	A类（空分）
10	上塔	精馏	精馏不充分，产品纯度下降			
11	粗氩塔	精馏	精馏不充分，产品纯度下降			
12	纯氩塔	精馏	精馏不充分，产品纯度下降			
13	液氧泵	增压	压力、流量不足	12～48	检查轴承、叶轮、导流体的磨损情况，转子是否平衡，检查密封系统是否完好，入口是否有杂物堵塞。检查温度压力等仪表、控制系统是否存在故障	A类（通用）
14	液氮泵	增压	压力、流量不足	12～48		

5.3.2.5　液体贮存单元主要设备功能故障分析

液体贮存单元主要设备功能故障分析见表 11。

表 11　液体贮存单元主要设备功能故障分析

序号	设备名称	设备功能	功能故障	故障周期／月	检修内容	专业类别
1	贮槽	长期贮存低温液体	绝热保温能力下降	12～72	检查筒体是否变形、腐蚀或损伤，管道阀门是否泄漏，检查真空度或珠光砂绝热保温性能，检查温度压力等仪表、控制系统是否存在故障	

表 11　液体贮存单元主要设备功能故障分析（续）

序号	设备名称	设备功能	功能故障	故障周期/月	检修内容	专业类别
2	气化器	低温液体气化复热	低温液体复热不足，气化流量下降	12 ~ 72	检查换热管束是否变形结垢腐蚀泄漏，是否结垢或结霜影响换热。检查筒体是否漏水，检查蒸汽调节阀门、电加热器是否失效。检查温度压力等仪表、控制系统是否存在故障	
3	低温液体泵	对出贮槽的低温液体增压	压力、流量不足	12 ~ 48	检查轴承、叶轮、导流体的磨损情况，转子是否平衡，检查密封系统是否完好，入口是否有杂物堵塞。检查温度压力等仪表、控制系统是否存在故障	

6　装置检修管理

6.1　装置检修前准备工作

6.1.1　装置检修前，参检单位要做好检修作业指导书、施工方案、检修图纸、现场施工平面布置图等各类资料的准备及审核，相关检修资料最终经业主方审批确认后方可实施。大修主要工作统筹详见表 12。

表 12　大修主要工作统筹表

工作内容大修	大修前完成日期
成立大修组织机构	前 14 个月
确定大修时间及大修装置	前 13 个月
编制大修具体工作统筹	前 12 个月
确定大修主要项目	前 12 个月
下达大修工程长周期材料	前 12 个月
下达大修计划（含材料计划）	前 11 个月
投资项目立项	前 16 个月
投资项目委托设计	前 15 个月
下达投资项目长周期设备、材料定货	前 14 个月
完成投资项目施工图的设计，下达常规材料计划	前 9 个月
审定重大项目方案	前 7 个月
审定通用设备检修方案	前 6 个月

表 12 大修主要工作统筹表（续）

工作内容大修	大修前完成日期
审定装置开停车工艺方案	前 9 个月
审定质量控制方案	前 6 个月
制定大修安全管理方案	前 5 个月
大型机具调查	前 6 个月
专用工具清查	前 7 个月
审定施工统筹	前 6 个月
合同范围、大修标段的划分、招标方案的确定	前 10 个月
合同谈判、招标	前 8 个月
签订大修合同	前 6 个月
材料存放及预制地点设定	前 5 个月
大修材料领取	前 2 个月
现场搭脚手架	前 2 个月
施工单位人员、机具进场	前 1 个月
大修现场布置	前 1 个月
大修实施	正常检修
大修资料归档	后 1 个月
大修项目费用结算	后 3 个月
大修工作总结	后 1 个月

6.1.2 进入检修现场的各类施工机具、器具，必须是合格的、适用的，必须有检定合格证和标记，并在有效期内使用，严禁使用未经校验的机具。进场前，所有自检合格并贴有自检合格证的施工机具，要列出汇总清单上交给业主方，并经业主方检验后方可使用。

6.1.3 进入现场的检修耗材、配件等，必须附有质量证明文件，并在指定的地点规范存放。在安装、使用各类检修材料前，应对材料的外观质量进行检查确认，参检单位要做到领用材料检验有见证、验收有记录。

6.1.4 参检单位的所有施工人员，必须具备相应的作业资质，检修前须做好检修方案、技能方面的培训，熟悉检修项目的特点，严格按检修方案进行施工。同时，施工人员必须进行业主方相关专业条线的教育培训，对无相应作业资质、未经教育培训或考核不合格的人员，一律不得上岗作业。

6.2 装置工艺交出检修条件

6.2.1 在装置交付检修前，由生产管理部和安全环保部门组织相关单位召开安全验收会，检查确认设备容器人孔拆卸、盲板加装、容器内采样分析、停电、下水井封堵等工作，经相关部门签字确认后，由装置开具用火、用电、进入受限空间等相关票证，进入检修状态。工艺交出要具备以下条件：

a）装置所有盲板按照盲板图、表安装、编号、挂牌并经工艺员、设备员、安全员已签名确认；

b）PID 图上所有系统、管线得到置换处理并做好标识；

c）系统内设备、管线按规定进行吹扫和置换，取样分析合格；

d）下水井取样分析合格，存油清理干净，排水畅通，水封完好；

e）下水井和漏斗口用石棉布盖好，并用沙土封严；

f）系统内设备人孔打开前的确认；打开的设备人孔处挂上“未经许可，禁止入内”警示牌；

g）制定停工安全、环保措施和工作危害分析记录表（JSA）；

h）装置内分析不合格点挂标识，储存物料区标识、硬隔离；

i）制定检修中防硫化亚铁自燃方案；

j）指定具有监护人资格的人员负责动火、进设备等作业的监护。

装置停工交付检修确认表见附录 A。

6.2.2 装置工艺交出的特殊要求

低温设备与管道需排净液体并复热到常温，卸除珠光砂，并做好安全防护措施。

6.3 检修过程安全环保管理总体要求

6.3.1 安全管理总体要求

6.3.1.1 装置检修的安全管理，坚持“安全第一、预防为主、综合治理”的方针和“谁主管，谁负责”“谁签发，谁负责”的原则，坚持以人为本、落实责任、强化监管，按属地化管理原则。

对于人数少的新企业要求外聘第三方 HSSE 监管，对于人数多的老企业或自身能力能够满足要求的老企业，可根据需要由企业自行决定是否外聘第三方 HSSE 监管。第三方 HSSE 监管纳入 HSSE 管理体系。

6.3.1.2 各级指挥部的安全环保消防组应按指挥部管理体系要求承担相应的管理责任。

6.3.1.3 承包商应建立健全安全管理体系，分包商的安全管理工作由总承包商负总责。

6.3.1.4 安全监督管理部门对检修过程的安全管理工作进行监督检查，指挥部的安全环保消防组负责施工过程安全检查管理。运行部负责所在区域的施工项目配合和现场安全监督检查。

6.3.2 环保管理总体要求

装置停工检修改造环保管理总体要求是：密闭吹扫，有序排放，清洁停工，安全处置，达标排放。为做好停工和检修期间的环保工作，停工装置要落实密闭吹扫及除臭方案，对排放污水、吹扫尾气放空、工业废物处置应进行预申报，排放时必须做到先检测后排放，主管部门根据监测结果确定处理方式。对于化学清洗等产生的废水，项目管理部门在与清洗单位签订合同前要明确废水处理相关责任及要求。

检修施工现场 HSSE 日检表见附录 B。

6.4 质量管理

6.4.1 质量管理的总体要求：成立检修质量管理组织机构，明确管理职责，建立质量管理程序文件。

6.4.1.1 对承包商资质、人员、机具等进行审查。

6.4.1.2 通过组织设计审查，确保设计质量。

6.4.1.3 物资采购管理部门组织对采购物资进行入库检验并对重点物资进行监造。

6.4.1.4 在施工过程中组织对检验检测的质量进行抽查。

6.5 变更管理

6.5.1 检修过程要加强变更管理，建立健全变更管理制度和工作流程，采取措施减少变更数量。原则上没有经过各级部门同意的变更不允许在检修中执行。

6.5.2 项目变更控制主要内容：

6.5.2.1 对于试用产品、设备备件结构形式改变、材质升级要充分识别，要有专门技术论证审批过程，审批时要加强相关专业沟通确认；

6.5.2.2 所有变更应事前发起，只有当变更得到批准后，才可组织实施。项目变更由变更提出单位发起申请并填写“变更申请单”，按照各企业相关制度规定的权限办理审批手续；

6.5.2.3 对于因材料价格波动导致的超计划费用（或工单预算），需要补办变更手续；

6.5.2.4 对于不涉及费用计划的变更，如项目名称、版本号、承包商、施工方案、施工进度等也需办理相应的变更手续；

6.5.2.5 对于结算费用高于非包干合同标的按各企业管理制度执行变更；

6.5.2.6 投资类项目的变更参照各企业“固定资产投资过程控制管理规定”执行。

6.6 装置检修交回条件

6.6.1 装置交回的特殊要求

冷箱内设备、阀门和管道以及冷箱外富氧介质设备、阀门和管道的油脂含量符合制造商要求。珠光砂充填完毕。

6.6.2 装置检修交回确认主要内容

6.6.2.1 装置开工人员及开车保镖人员配备落实；

6.6.2.2 技术、原辅材料、动力、备品备件等方面的准备；

6.6.2.3 队伍技术状态、开工方案学习落实情况；

6.6.2.4 现场规格化情况；

6.6.2.5 工艺和设备联锁仪表校验情况；

6.6.2.6 HSSE 措施落实情况；

6.6.2.7 盲板拆除清单、技术准备情况；

6.6.2.8 机、电、仪、公用工程、储运、质检等相关专业准备情况；

6.6.2.9 停工临设拆除、施工尾项整改情况等。

装置检修交回开工确认表见附录 C。

6.7 检修后期管理

6.7.1 资料交付

承包商应在检修项目结束后 30 天内将交工资料完整地交给使用单位，竣工资料交付参考 SH/T 3503—2017。资料包含内容如下：

竣工图纸，施工技术方案，吊装方案，施工组织设计；施工技术记录，试压记录，中间工序验收单，隐蔽工程验收单，拆检回装记录，发现问题与修复记录，设备开箱资料，设备封闭记录；设备、材料、管道附件、配件的合格证明书及质量保证书，理化检验资料，衬里、防腐、保温施工技术记录及检验报告。

6.7.2 检修总结

装置检修结束后，要对检修改造工作进行总结，对好的做法进行总结、提炼，固化这些经验，指导今后检修改造工作；对总结检修改造中存在的问题，分析原因，完善措施，不断提高管理水平。

装置停工检修工作总结模板见附录 D。

7 装置日常维护

7.1 日常巡检

装置操作人员日常巡检须保现场动静设备运行正常，动设备检查润滑、震动、温度、泄漏情况，判断故障根据检修规范维修，静设备检查有无泄漏、低温设备检查有无跑冷结霜、设备安全附件完整好用、防雷防静电及防台风检查。

电仪人员日常检查电仪控制间设备运行正常，继电器、变送器有无发热、声音异常，检查制冷系统运行正常，要求温度25℃±5℃、湿度≤70%，必要的防鼠设施。

7.2 日常维护

装置日常维护的基本内容包括：设备维护保养、设备检查和设备修理。

7.2.1 设备维护保养

设备维护保养的内容是保持设备清洁、整齐、润滑良好、安全运行，包括及时紧固松动的紧固件，调整活动部分的间隙等。简言之，即“清洁、润滑、紧固、调整、防腐”十字作业法。维护保养依工作量大小和难易程度分为装置操作工保养、专职保养维修工的保养。

7.2.1.1 装置操作工保养

主要内容包括清洁、润滑、紧固易松动的零件，检查零件、部件的完整。这类保养的项目和部位较少，大多数在设备的外部，一般由装置操作工人承担。

7.2.1.2 专职保养维修工的保养

主要内容包括对设备内部清洁、润滑、局部解体检查和调整，必要时对达到规定磨损限度的零件加以更换。此外，还要对主要零部件的磨损情况进行测量、鉴定和记录。具体标准执行通用设备的检修规程。

在两种维护保养中，装置操作工保养是基础，专职保养维修工的保养是关键。

7.2.2 设备检查和设备修理

设备检查按时间间隔分为日常检查和定期检查。

日常检查由操作人员执行，同操作工的保养结合起来，目的是及时发现不正常的技术状况，进行必要的维护保养工作。

定期检查是按照计划，在操作工参与下，定期由专职维修工执行，也就是预防性检查维修。目的是通过检查，全面准确地掌握零件磨损的实际情况，以便确定是否有进行修理的必要。

7.3 常见设备故障

常见设备故障见表13。

表13 常见设备故障

序号	设备名称	设备功能	功能故障	工艺影响
1	原料空气压缩机	加压	出口流量压力达不到要求	装置产量降低，或装置停车
2	增压机	加压	出口流量压力达不到要求	装置产量降低，或装置停车
3	空冷塔	冷却高温空气到要求温度	出口流量温度达不到要求	装置产量降低
			出口空气带水	导致吸附剂失效，装置停车
4	水冷塔	冷却常温水到要求温度	出口流量温度达不到要求	装置产量降低
5	吸附器	吸附空气中的杂质	出口二氧化碳含量超标	装置产量降低，或装置停车

表 13 常见设备故障（续）

序号	设备名称	设备功能	功能故障	工艺影响
6	加热器	加热再生污氮气	加热温度达不到要求	装置产量降低，或装置停车
			蒸汽加热器泄漏	装置停车
7	透平膨胀机	制冷	制冷量不足	装置产量降低，或装置停车
8	主换热器	换热	换热不充分；通道堵塞，内漏	装置产量降低，或装置停车
9	过冷器	换热	换热不充分；通道堵塞，内漏	装置产量降低，或装置停车
10	主冷凝蒸发器	换热	换热不充分；通道堵塞，内漏	装置产量降低，或装置停车
11	粗氩冷凝器	换热	换热不充分；通道堵塞，内漏	装置氩产量降低
12	纯氩冷凝器	换热	换热不充分；通道堵塞，内漏	装置氩产量降低
13	纯氩蒸发器	换热	换热不充分；通道堵塞，内漏	装置氩产量降低
14	上塔	精馏	精馏不充分	装置产量降低，产品纯度下降，或装置停车
15	下塔	精馏	精馏不充分	装置产量降低，产品纯度下降，或装置停车
16	上塔	精馏	精馏不充分	装置产量降低，产品纯度下降，或装置停车
17	粗氩塔	精馏	精馏不充分	装置氩产量降低，氩产品纯度下降
18	纯氩塔	精馏	精馏不充分	装置氩产量降低，氩产品纯度下降
19	液氧泵	增压	出口流量压力达不到要求	氧产品流量降低或压力降低，或装置停车
20	液氮泵	增压	出口流量压力达不到要求	氧产品流量降低或压力降低，或装置停车

附　录　A

（资料性附录）

装置停工交付检修确认表

停工装置		时间	年　　月　　日	
单位	确认内容	存在问题	确认意见	确认人
停工单位	1. 装置与系统是否有效隔离并提供对应的盲板表？ 2. 是否有专用氮气线，是否专用？ 3. 低温设备和管道是否排净液体并复热到常温？ 4. 珠光砂是否卸除，并做好安全防护措施？ 5. 管线及容器是否吹扫干净并提供吹扫作业确认表？ 6. 容器及塔测爆及氧含量是否合格？ 7. 风险系数较大的作业是否进行危害识别分析对塔、容器仪表监控手段是否保留？ 8. 动火作业项目是否上墙？ 9. 对本单位、施工单位参加检修的人员安全教育并考试是否进行？ 10. 明沟、地面上是否有油？轻污分流设施是否投用？ 11. 对装置内电缆沟是否作出明显标志？ 12. 设备、容器、管道是否全部打开并在设备人孔处挂“危险空间！严禁入内”的警示牌？ 13. 检修现场下水井、地漏、明沟的是否封闭，泵沟等是否建立水封？ 14. 检修设备是否停电？			
电气部	1. 是否已按用电单位停送电要求实施停送电？ 2. 参加大修的电气作业人员是否进行电工作业资格的确认和相应的安全教育？ 3. 其他			

装置停工交付检修确认表（续）

<table>
<tr><td colspan="2">停工装置</td><td></td><td>时间</td><td colspan="2">年　　月　　日</td></tr>
<tr><td colspan="2">单位</td><td>确认内容</td><td>存在问题</td><td>确认意见</td><td>确认人</td></tr>
<tr><td colspan="2">仪控部</td><td>1. 对本单位、施工单位参加检修的人员安全教育并考试是否进行？
2. 机柜间运行装置的机柜与检修的区域是否采用明显有效的隔离措施？
3. 仪表吹扫排放中相关安全环保措施是否明确落实？
4. 放射线同位素仪表停工检修防护措施是否落实？
5. 工器具是否进行相关安全检查？
6. 重大作业项目是否编写施工作业方案和进行危害识别与评价？
7. 高处作业的脚手架是否搭设妥当并验收合格？
8. 每项作业施工是否具有合格的施工检修作业票？相关安全措施是否落实到位？
9. 劳保用品穿戴是否符合要求？
10. 检修质量和检修内容是否符合要求？</td><td></td><td></td><td></td></tr>
<tr><td colspan="2">消防部门</td><td>1. 现场消防器材是否齐全、完好？
2. 消防、疏散通道是否符合要求？
3. 其他</td><td></td><td></td><td></td></tr>
<tr><td rowspan="2">生产部门</td><td>技术科</td><td>1. 检查吹扫作业票的确认签名是否落实？
2. 现场检查盲板是否按方案和盲板清单进行安装？
3. 检查瓦斯、氮气和工艺介质等物料在装置边界是否进行有效隔离？
4. 催化剂、保护剂、胺液或按方案不退的介质是否按方案要求进行了有效安全隔离？</td><td></td><td></td><td></td></tr>
<tr><td>管理科</td><td>1. 检查配合外系统的吹扫是否已满足要求可以停运？
2. 其他</td><td></td><td></td><td></td></tr>
</table>

装置停工交付检修确认表（续）

<table>
<tr><td colspan="2">停工装置</td><td></td><td>时间</td><td colspan="2">年 月 日</td></tr>
<tr><td colspan="2">单位</td><td>确认内容</td><td>存在问题</td><td>确认意见</td><td>确认人</td></tr>
<tr><td rowspan="2">机动部门</td><td>设备科</td><td>1. 已按停工方案要求抽堵盲板，且要做好明显标记，并指定专人统一编号登记，严防漏堵、漏拆，盲板的材质、厚度符合安全要求；
2. 与炉、塔、容器相连的蒸汽、氮气等有害介质的阀门，已加盲板隔离；
3. 未经吹扫处理的设备、容器、管道已与系统隔离，设置明显警示标志，并向职工和施工单位交底；
4. 冬季停工，装置要做好防冻防凝工作</td><td></td><td></td><td></td></tr>
<tr><td>动力科</td><td>1. 变配电所内电气安全用具、消防器材已检查并在有效期限内；
2. 变配电所内的工器具已检查合格；
3. 电气现场检修动力箱（固定）、临时变已检查合格；
4. 配送电单位、施工单位参修人员已经安全教育并考试合格；
5. 外来人员已经安全安全教育并考试合格；
6. 工艺要提供装置停工后仍需使用的仪表清单；
7. 电气专业提供停工期间停电网络，仪表提前准备</td><td></td><td></td><td></td></tr>
<tr><td rowspan="2">安环部门</td><td>管理科</td><td>1. 对本单位、施工单位参加检修的人员安全教育并考试是否进行？
2. 其他</td><td></td><td></td><td></td></tr>
<tr><td>环保科</td><td>1. 明沟、地面上是否有油？轻污分流设施是否投用？
2. 其他</td><td></td><td></td><td></td></tr>
</table>

装置停工交付检修确认表（续）

<table>
<tr><td colspan="2">停工装置</td><td></td><td>时间</td><td colspan="2">年　　月　　日</td></tr>
<tr><td colspan="2">单位</td><td>确认内容</td><td>存在问题</td><td>确认意见</td><td>确认人</td></tr>
<tr><td>安环部门</td><td>安全科</td><td>1. 现场固定式可燃气体报警仪、H_2S 报警仪等探头是否进行妥善保护？
2. 对装置内电缆沟是否作出明显标志？
3. 设备、容器、管道是否全部打开并在设备人孔处挂“危险空间！严禁入内”的警示牌？
4. 检修现场下水井、地漏、明沟是否封闭，泵沟等是否建立水封？
5. 打开的设备、容器、管道测爆分析是否合格？
6. 运行的装置与检修的区域必须采用明显有效的隔离措施？存在工艺介质的工艺管线是否作出标志？
7. 其他</td><td></td><td></td><td></td></tr>
<tr><td colspan="2">领导意见</td><td></td><td></td><td></td><td></td></tr>
</table>

附　录　B
（资料性附录）
检修施工现场HSSE日检表

序号	检查内容	存在问题	检查人员	整改情况	验证人	备注
1	临时用电					
1.1	配备合格的持证电工					
1.2	配电箱合格、有防雨措施，按要求标识并上锁					
1.3	配电系统执行“三相五线制”，符合“三级配电二级保护”要求，安装匹配的漏电保护器，漏保动作灵敏好用，并进行日常试验和记录					
1.4	电缆及接头无破损，绝缘良好；铺设规范，走向清晰，标识明确					
1.5	用电严格执行“一机一闸一保护”					
1.6	按要求配置保护零线和工作零线，工作接地和重复接地完好					
1.7	安全电压符合作业环境要求					
1.8	使用工业插头、插座					
2	施工机具					
2.1	各种机具设备安全要求进行定期检查，确保完好					
2.2	设有机械保护装置（如转动设备等）的设备，保护装置处于完好状态					
2.3	用电机具、设施接地完好					
2.4	配备与作业要求相匹配的劳动防护用品					
2.5	空气压缩机压力表、安全阀等在检验期内并处于完好状态，高压气管和软管固定连接可靠					
2.6	气瓶垂直放置，瓶体固定可靠；气瓶分类摆放并保持安全距离，防护措施到位，气瓶阻火器、压力表等安全附件完好，气管无老化破损，连接可靠					

检修施工现场 HSSE 日检表（续）

序号	检查内容	存在问题	检查人员	整改情况	验证人	备注
3	脚手架					
3.1	脚手架搭设人员是专业架子工，并持证上岗。搭设人员按要求着装，配备五点双大钩安全带					
3.2	编制脚手架搭设方案，进行安全技术交底并有记录					
3.3	按规范要求搭设脚手架，且有良好的整体稳固性					
3.4	搭设和拆除过程必须有专人监督，周边设置警戒区					
3.5	连墙件设置可靠，各节点扣件扭矩力符合要求					
3.6	通道、护栏、腰杆、踢脚板等符合要求					
3.7	作业面满铺跳板，无孔洞，跳板可靠固定且无探头板					
3.8	作业面临时放置的材料等在允许荷载范围内，严禁超载荷；放置必须稳固，无坠物风险					
3.9	脚手架搭设完成验收合格挂牌使用					
3.10	消防设施保持完好，灭火器和消防水桶按要求配置					
3.11	消防安全通道保持畅通					
3.12	用火作业前，清理周边易燃物，采取接火措施					
4	起重					
4.1	编制了吊装方案、进行交底并有记录					
4.2	起重设备操作人员、司索、指挥持有效证件					
4.3	起重机械证照齐全有效					
4.4	起重机械安全设施、附件完好					
4.5	机索具检查完好，钢丝绳无磨损，连接可靠，绳卡数量和间距满足要求					

检修施工现场 HSSE 日检表（续）

序号	检查内容	存在问题	检查人员	整改情况	验证人	备注
4.6	吊装作业半径设置了警戒区，禁止无关人员入内					
4.7	吊装前进行评估，确保在额定起升载荷范围内进行起重作业，不得超载					
4.8	吊车支腿符合要求					
4.9	吊物捆绑符合要求，使用溜绳					
4.10	吊装作业天气、环境、风力等符合要求					
5	焊接、气割					
5.1	设备接地完好					
5.2	焊把线无破损，连接器完好					
5.3	有专人监护，接火、防火措施到位					
5.4	可燃性气瓶与胶管连接完好，无漏气，气瓶有阻火器					
5.5	现场气瓶与明火源保持安全距离					
6	受限空间					
6.1	对所要进行作业的受限空间进行吹扫、蒸煮、置换，并分析合格。所有与受限空间相连接的管线、阀门应进行有效隔离，盲板处应挂标识牌，并经工艺技术人员签字确认					
6.2	出入口内外不得有障碍物，在受限空间入口处设置“危险！严禁入内”警告牌或采取其他封闭措施					
6.3	对有可能发生硫化亚铁自燃的设备、容器必须经充分的钝化脱臭处理，并在现场配置消防水带					
6.4	《进入受限空间作业许可证》实行一点一证					
6.5	进入受限空间作业实行“三不进入”原则，即：一、没有经批准有效的《进入受限空间作业许可证》不进入；二、安全措施未落实不进入；三、监护人不在场不进入					

检修施工现场 HSSE 日检表（续）

序号	检查内容	存在问题	检查人员	整改情况	验证人	备注
6.6	作业现场配备必要的救护器具和灭火器材等					
6.7	进入受限空间作业应使用安全电压和安全行灯					
7	作业安全					
7.1	作业前进行班前安全教育和安全技术交底，作业人员清楚当天作业内容和安全风险及注意事项					
7.2	特殊工种持证上岗					
7.3	佩戴合格安全帽，并根据作业任务佩戴专用眼部、面部、手部等防护用品，高处作业人员系挂安全带					
8	收工检查					
8.1	配电系统一级箱断电，关闭气瓶角阀，能量上锁					
8.2	现场火种检查清理完毕					
8.3	清理各作业面材料和杂物等，做到工完、料净、场地清					
8.4	落实夜间值班、巡检人员，职责到位，检查内容明确					

附　录　C

（资料性附录）

装置检修交回开工确认表

开工装置		时间	年　月　日	
单位	要求	存在问题	确认意见	确认人
施工单位	1. 检修项目以及改造项目已施工完成，并验收合格。 2. 施工用临时设施已全部拆除；现场清洁、无杂物。 3. 冷箱内脚手架全部拆除。 4. 除用于开工查漏、热紧用的架子保留外，其他架子、跳板均拆除。 5. 设备、管线等保温复位。 6. 因检修拆除的劳动保护、照明设施已恢复。 7. 塔器设备、安全阀、现场仪表、管线等均已复位。 8. 冷箱内设备、阀门和管道以及冷箱外富氧介质设备、阀门和管道的油脂含量符合制造商要求。 9. 珠光砂充填完毕			
项目所属单位	1. 设备位号和管道介质名称、流向标识齐全。 2. 检查现场设备、管线、保温等安装符合规范，试用情况正常。 3. 机组等设备联锁试验正常。 4. 工艺联锁试验正常。 5. 盲板拆、装清单已确认。 6. 装置吹扫、试压通过。 7. 现场消防、气防器材及岗位工器具配齐、现场环保设施投用。 8. 开工化工原材料准备完毕。 9. 备品配件齐全			
电气部	1. 变电所已正常投用，高低压电送电正常。 2. 现场电气设备如电动阀、电加热器、电机等试运正常。 3. 现场照明等恢复正常			
仪控部	1. 现场仪表调试、DCS 调试、联校正常。 2. 配合工艺、设备的联锁调试已完成			
公用工程部	循环水、新鲜水、蒸汽、仪表风／工厂风、氮气等公用介质供应正常			

装置检修交回开工确认表（续）

<table>
<tr><td colspan="2">开工装置</td><td></td><td>时间</td><td colspan="2">年　月　日</td></tr>
<tr><td colspan="2">单位</td><td>要求</td><td>存在问题</td><td>确认意见</td><td>确认人</td></tr>
<tr><td colspan="2">储运部</td><td>储运系统已具备正常供料以及接收产品条件</td><td></td><td></td><td></td></tr>
<tr><td colspan="2">化验部门</td><td>1. 现场采样器已复位正常。
2. 分析项目已具备分析条件</td><td></td><td></td><td></td></tr>
<tr><td colspan="2">消防部门</td><td>1. 现场消防器材齐全、完好。
2. 消防、疏散通道符合要求</td><td></td><td></td><td></td></tr>
<tr><td rowspan="2">安环部门</td><td>环保</td><td>1. 现场环保设施，如轻污分流设施等已投用。
2. 后续环保装置具备接收物料条件</td><td></td><td></td><td></td></tr>
<tr><td>安全</td><td>1. 现场固定式可燃气体报警仪、H_2S 报警仪等已投用。
2. 拟开工装置与临近的检修区域已采用明显有效的隔离措施。
3. 现场安全设施如平台围栏、护栏等符合要求，现场无容易坠落物品。
4. 如有零星动火项目，火票需升级</td><td></td><td></td><td></td></tr>
<tr><td colspan="2">工程管理部门</td><td>负责的改造项目已施工完成、并验收合格</td><td></td><td></td><td></td></tr>
<tr><td rowspan="2">机动部门</td><td>设备科</td><td>1. 检修项目已完成，并验收合格。
2. 保运工作已落实</td><td></td><td></td><td></td></tr>
<tr><td>动力科</td><td>1. 电气、仪表检修改造项目已完成，并投用正常。
2. 电气现场检修动力箱、临时变已拆除</td><td></td><td></td><td></td></tr>
<tr><td rowspan="2">生产部门</td><td>技术科</td><td>1. 开工方案已审批完成。
2. 盲板已按方案和盲板清单进行拆装。
3. 开工用化工原材料已落实。
4. 其他专项方案已落实或审批</td><td></td><td></td><td></td></tr>
<tr><td>管理科</td><td>1. 外围的公用、储运系统以及相关装置已可支持装置开工。
2. 开工用原料已落实</td><td></td><td></td><td></td></tr>
<tr><td colspan="2">人教部门</td><td>操作人员已经过学习、培训，并考试合格</td><td></td><td></td><td></td></tr>
<tr><td colspan="2">项目所属单位领导意见</td><td>签名：</td><td>公司意见</td><td colspan="2">签名：</td></tr>
</table>

附　录　D
（资料性附录）
装置停工检修工作总结模版

根据公司《设备检修管理制度》规定，在装置停工检修结束后各相关单位应组织编写装置停工检修工作总结。为此，就进一步做好装置停工检修工作总结提出要求如下：

封面：

名称：××× 部 ××× 装置 ×××× 年 ×× 月停工检修工作总结

编写人：×××

审核人：×××

批准人：×××（运行部领导）

编写单位：中石化 ××× 分公司 ××× 部

编写时间：×××× 年 ×× 月

正文

（一）装置停工检修过程概述

装置开、停工、检修过程简述，本周期装置运行起止时间。

本周期装置运行中出现的主要问题。

本次停工检修、改造内容简述，检修项目计划数（包括补充、追加），检修计划完成情况。重点检修项目情况。

开停工、检修网络执行情况。

（二）主要检修内容技术总结

塔、容器部分；

加热器部分；

冷换设备、空冷器部分；

阀门部分；

管道部分；

压缩机部分；

泵部分；

特殊阀门部分；

输送机械部分；

压力容器检验（包括缺陷返修处理）；

压力管道检验（包括缺陷返修处理）；

安全阀检验；

其他检修方面。

技术分析中要有以下内容：上次运行周期出现的问题，本次检修检查情况及采取措施；上次检修遗留问题处理情况；本周期与上周期设备隐蔽检查情况对照；重复发生问题处理方案有效性；装置系统问题；典型案例。

（三）检修计划准确性分析

（四）检修施工队伍评述

（五）材料供应评述

（六）设计质量评价

（七）检修质量评价

（八）本次检修遗留问题及预案

（九）检修管理亮点、存在的不足和下次检修需注意的问题

（十）附表

表 1　设备增加情况表

序号	位号	名称	规格型号	制造厂	数量	备注

表 2　设备拆除情况表

序号	原位号	名称	规格型号	制造厂	数量	备注

表 3　管线拆除情况表

序号	原编号	名称	规格	长度 /m	备注

表 4　设备更换情况表

<table>
<tr><th rowspan="2">序号</th><th rowspan="2">位号</th><th rowspan="2">名称</th><th colspan="2">规格型号</th><th colspan="2">制造厂</th><th rowspan="2">数量</th><th rowspan="2">备注</th></tr>
<tr><th>更换前</th><th>更换后</th><th>更换前</th><th>更换后</th></tr>
<tr><td></td><td></td><td></td><td colspan="2"></td><td colspan="2"></td><td></td><td></td></tr>
</table>

表 5　冷换设备检修情况表

序号	位号	名称	规格型号	抽芯清洗	试压换垫	堵管根数	管束更换

表 6　阀门检修、更换情况表（DN50 和 DN50 以上）

序号	规格型号	公称直径	检修数量	更换数量

表 7 压力容器检验情况表

序号	计划检验台数	增加变更台数	减少变更台数	实际完成台数	缺陷返修台数

表 8 压力管道检验情况表

序号	检验计划		增加变更		减少变更		实际完成	
	条数	米数	条数	米数	条数	米数	条数	米数

表 9 安全阀检验情况表

序号	计划检验台数	增加变更台数	减少变更台数	实际完成台数

2. 空气冷却塔维护检修规程

SHS 10005—2019

代替 SHS 10005—2004

目　　次

前　言

本规程按照GB/T 1.1—2009《标准化工作导则　第1部分：标准的结构和编写》给出的规则起草。

本规程代替SHS 10005—2004《空气冷却塔维护检修规程》，与SHS 10005—2004相比，除了编辑性修改外，主要技术变化如下：

——对填料塔形式的内件检修进行补充；

——检修时补充了对防腐、测厚的内容；

——增加了对喷淋装置的水冲洗要求；

——增加了填装填料的要求；

——增加了检修维护时空气质量的要求（内部含氧量在19.5%～23%范围内）。

本规程由中国石油化工集团有限公司、中国石油化工股份有限公司提出。

本规程起草单位：杭州杭氧股份有限公司。

本规程主要起草人：李智斌

本规程历次版本发布情况：

——SHS 10005—1992，SHS 10005—2004。

空气冷却塔维护检修规程

1 范围

1.1 主题内容

本规程规定了空气冷却塔的检修周期与内容、检修程序与质量标准、试验与验收、运行维护与故障处理。

1.2 适用范围

本规程适用于空气冷却塔的维护与检修。

2 规范性引用文件

下列文件中的条款通过本规程的引用而成为本规程的条款。凡是注日期的引用文件，其随后所有的修改单（不包括勘误的内容）或修订版均不适用于本标准，然而，鼓励根据本标准达成协议的各方研究是否可使用这些文件的最新版本。凡是不注日期的引用文件，其最新版本适用于本规程。

GB/T 150.1～150.4 压力容器

TSG 08 特种设备使用管理规则

TSG 21 固定式压力容器安全技术监察规程

GB 50461 石油化工静设备安装工程施工质量验收规范

GB 50484 石油化工建设工程施工安全技术规范

GB 50645 石油化工绝热工程施工质量验收规范

NB/T 47013 承压设备无损检测

NB/T 47014 承压设备焊接工艺评定

NB/T 47015 压力容器焊接规程

NB/T 47018 承压设备用焊接材料订货技术条件

NB/T 47027 压力容器法兰用紧固件

NB/T 47041 塔式容器

JB/T 6896 空气分离设备表面清洁度

SH/T 3074 石油化工钢制压力容器

HTKA 4292 空冷塔、水冷塔用塑料孔板波纹规整填料安装验收技术规范（杭氧标准）

HTKA4291　空冷塔、水冷塔用散堆填料安装验收技术规范（杭氧标准）

3　检修周期与内容

3.1　设备简介

空气冷却塔主要由上、下封头，筒体、接管、人孔、塔内件等组成，空气冷却塔上部铺设绝热层。空气冷却塔的常见结构形式见图 1。

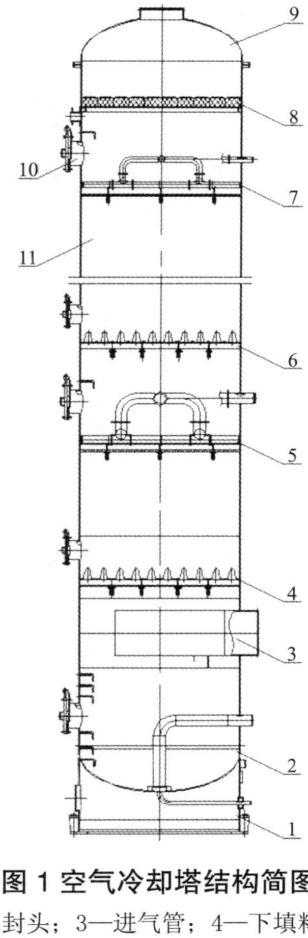

图 1 空气冷却塔结构简图

1—支承底座（裙座）；2—下封头；3—进气管；4—下填料支承栅板；5—下喷淋装置；6—上填料支承栅板；7—上喷淋装置；8—除沫器；9—上封头；10—人孔；11—筒体

上、下填料支承栅板：支承栅板由工字钢、格栅和紧固件等组成，各零件与筒体四周固定，用于承托填料。

上、下喷淋装置：使上部和下部的喷淋水能均匀地喷洒在填料上，使空气和冷却水能进行充分的接触从而提高传热效率。

除沫器：用于分离空气冷却塔顶部气体夹带的液滴，以保证传质的效率，减少水气进入分子筛。

空气冷却塔的功能作用：通过空气与冷却水的充分接触，降低了空气的温度。对空气中的杂质进行清洗。由于空气温度降低，使空气中饱和含水量降低，从而使空气的湿度降低。

3.2 检修周期

根据 TSG 21《固定式压力容器安全技术监察规程》的要求，结合装置长周期运行、填料使用周期、设备运行状况，统筹考虑，确定检修周期。一般为 1 ～ 6 年。

3.3 检修内容

3.3.1 压力容器月检查、年度检查、定期检验时确定修理的项目。
3.3.2 拆卸绝热层，拆除进出口管线、阀门，安装盲板。
3.3.3 检查、修理设备本体法兰及连接件密封面，更换垫片。
3.3.4 检查塔体垂直度，调整地脚螺栓和垫板。
3.3.5 拆卸人孔、窥视孔盖、填料等。
3.3.6 检查填料破损、结垢情况，视情进行清洗或更换。
3.3.7 检查上、下填料支承栅板的水平度、固定，锈蚀情况，并进行紧固，修复，视情更换固定螺栓和栅板。
3.3.8 检查上、下喷淋装置是否松动，支架是否牢固。对松动的喷淋装置进行清洗、找正并固定。
3.3.9 检查除沫器支承栅板的完好情况，必要时进行修理或更换。检查除沫器脱水网的堵塞、破损情况，检查丝网是否平整。对不符合要求的除沫器丝网进行修理、清洗或更换。
3.3.10 检查空气冷却塔内壁腐蚀情况，对受压元件进行测厚抽查，视情修理或更换。
3.3.11 检查塔内各支承件有无开裂、变形、腐蚀、损坏，连接螺栓是否松动；对松动部位进行固定，对出现严重腐蚀部位应进行详细的测量和检查，对损坏部件进行更换。
3.3.12 检查、修理支撑底座（裙座）和基础。
3.3.13 检修或更换塔的第一道阀门。
3.3.14 检查或更换部分螺栓、螺母。
3.3.15 检查、修理、校验安全附件、仪表。
3.3.16 检查接地完好情况。
3.3.17 试压、气密。
3.3.18 拆除盲板，管线、阀门安装。
3.3.19 绝热层、防腐层修理或更换。

4 检修程序与质量标准

4.1 检修前准备

4.1.1 掌握设备运行状况，编制、审批、下达检修计划，备齐检修所需的图纸、技术资料和相关检修记录，制定检修方案（含焊接方案）或检修作业指导书，产权单位、检修单位按规定进行检修作业的双向交底，并做好交底记录。

4.1.2 按要求备齐检修所需工器具、吊具、量具等。

4.1.3 备齐检修所需的备品、配件、材料（包括填料、除沫器丝网、紧固件、O 形圈、垫片等）和劳动保护用品等。检查核实备品、配件、材料的规格尺寸和材质是否满足技术要求。

4.1.4 从事压力容器检修的单位、人员必须符合 TSG 21—2016《固定式压力容器安全技术监察规程》的有关规定。

4.1.5 从事空气冷却塔检修的所有人员必须身体健康，经过三级安全教育合格。

4.1.6 检修条件确认

4.1.6.1 空气冷却塔内部和设备接管（指设备与第一道阀门之间的管道）内介质吹扫、置换合格，检查确认空气冷却塔与其他设备相通的工艺管线是否隔断或用盲板隔离，切断气源、水源，排净塔内积水。

4.1.6.2 检查确认是否按规定办理了各类作业票证。特别注意：动火、防窒息分析的取样要具有代表性。人员进入空气冷却塔内部检修前，塔内必须进行空气置换，及至内部氧气含量在 19.5% ～ 23% 范围内，防止发生内部氮气窒息事故；进入人员需佩戴测氧仪，同时应配备通风等相应安全防护措施。

4.1.6.3 检查确认空气冷却塔内部检修、照明用电符合标准规范。

4.2 检修质量标准

4.2.1 空气冷却塔月检查、年度检查、定期检验应符合 TSG 21《固定式压力容器安全技术监察规程》的要求。

4.2.2 填料尺寸符合设计要求，装填时不得混装、不得接触油脂、不得直接从塔顶部直接倒入，应从不同高度的人孔处进行分层装填。

4.2.3 除沫器的丝网洁净、无堵塞；如有更换丝网，应铺设平整并固定，其规格和材质应符合设计要求；

4.2.4 支撑栅架网孔畅通，其水平安装偏差≤ 2‰ D（D 为筒体公称直径）、且＜ 4mm，栅板支撑牢固平整、无松动；

4.2.5 塔体垂直度允差 ΔH（H 为筒体高度）要求见表 1。

表 1 塔体垂直度允差

塔体高度 H/m	塔体垂直度允差 ΔH/mm
$H \leqslant 20$	$\Delta H = H/1000$，且 $\leqslant 20$
$20 \leqslant H \leqslant 30$	$\Delta H = H/1000$，且 $\leqslant 30$

4.2.6 喷淋孔径符合设计要求。

4.2.7 喷淋装置安装标准见表 2。

表 2 喷淋装置安装标准

名称	水平度偏差 /mm	中心线偏差 /mm	高度偏差 /mm
管式喷淋	$D \leqslant 1500$ 3	3	3
盘式喷淋	$1500 \leqslant D$ 4	3	3
莲蓬头喷淋	安装轴线偏斜 $\leqslant 1$	3	3

4.2.8 安全附件校验、修理应符合设计文件或标准要求；测量仪表显示控制系统应灵敏、指示准确，调校、修理应符合设计文件或标准要求。

4.2.9 接地线良好，对地电阻应符合设计要求。

4.2.10 阀门、法兰密封面应完好，无划痕、凹坑、沟槽、腐蚀等。采用直接研磨或焊接后铲平研磨、高分子涂层等修理方法的，研磨后密封面的粗糙度不低于 $R_a0.8$。

4.2.11 检查基础有无下沉、倾斜、破损，螺栓、垫铁等有无松动、损坏。对于不符合设计要求的缺陷进行修复包括调整塔体垂直度。

4.2.12 空气冷却塔的绝热层维护检修质量标准按 SHS 01033《设备及管道绝热维护检修规程》执行。

4.2.13 空气冷却塔的防腐涂层维护检修质量标准按 SHS 01034《设备及管道涂层维护检修规程》执行。

4.2.14 空气冷却塔的壳体及受压元件检修质量标准按 SHS 01004《压力容器维护检修规程》执行。

5 试验与验收

5.1 试验前的准备

5.1.1 备齐试验所需的试压机具、工装、材料、测量仪表等物料。

5.1.2 检查确认各项检修项目已完成，检修记录齐全，检修质量符合本规程 4.2 条检修质量标准的规定。

5.1.3 检查确认设备内部洁净、无杂物，封闭人孔、进料孔。

5.1.4　拆盲板，连接好阀门、管道。
5.1.5　检查确认设备零部件完整无缺；安全附件校验合格，齐全完整；仪表附件齐全、准确、灵敏、可靠。螺栓紧固。
5.1.6　工艺处理完毕，各专业人员共检完毕，具备试验条件。

5.2　试验

5.2.1　按设计文件或标准进行耐压试验合格（如有必要）。
　　注意：受压元件采用焊接方法进行修理的，填装填料前进行耐压试验。
5.2.2　按设计文件或标准进行气密性试验合格。

5.3　验收

5.3.1　空气冷却塔检修完毕后，应组织检查验收，确认检修项目完成并质量合格。
5.3.2　空气冷却塔检修资料齐全，至少包括：
　　a）空气冷却塔定期检验报告；
　　b）更换零部件、干燥吸附剂的质量证明书、有关复检验报告；
　　c）空气冷却塔检修质量控制确认表；
　　d）空气冷却塔试验与验收数据记录表；
　　e）安全附件校验、定压记录；
　　f）封闭记录；
　　g）检修竣工验收单。
5.3.3　按操作规程对空气冷却塔投入使用，符合工艺指标，运行一周后，设备本体及各部件、附件无异常情况，密封点无泄漏，办理竣工验收手续。

6　运行维护与故障处理

6.1　日常维护

6.1.1　严格执行工艺操作规程和岗位操作规程，认真检查设备运行参数，严禁超温、超压和超负荷运行。
6.1.2　按 TSG 21—2016《固定式压力容器安全技术监察规程》的要求对空气冷却塔进行月检查、年度检查。
6.1.3　按时对空气冷却塔运行状态进行定期巡回检查，并做好相应记录。
6.1.4　定期检查各附件是否完好。
6.1.5　按时检查物料管线、阀门的振动、密封情况以及连接螺栓是否松动。
6.1.6　液面计指示是否正确，定期进行清洗或更换。
6.1.7　除沫器是否正常运行。
6.1.8　定期对排污管进行清理，确保排水、排污装置畅通。

6.1.9 保持绝热层完好。

6.2 常见功能故障与处理方法

空气冷却塔常见功能故障与处理方法见表 3。

表 3 空气冷却塔常见功能故障与处理方法

功能	功能故障	故障模式	故障后果	故障应对策略与检修内容	检修周期 / 月
冷却空气至设计温度满足后续工艺需要，洗涤去除空气中夹带的杂质	泄漏	1. 母材、焊缝腐蚀穿孔； 2. 焊缝穿透性缺陷； 3. 紧固件松动或预紧力不够； 4. 密封垫片损坏； 5. 法兰变形、密封面损坏	装置降量或停工	1. 焊接修复； 2. 返修补焊； 3. 紧固或更换螺栓； 4. 更换垫片； 5. 更换法兰或修理密封面； 6. 带压封堵	视情而定
	冷却空气温度达不到设计值	1. 进水量不足； 2. 喷淋孔堵塞； 3. 筛板堵塞而产生偏流； 4. 进水温度超高； 5. 冷却水出现偏流或液泛	装置降量或停工	1. 增大进水量； 2. 疏通喷淋孔； 3. 清洗疏通筛板； 4. 降低进水温度； 5. 更换填料规格	视情而定
	出空气冷却塔空气带水	1. 喷淋水量太大； 2. 塔板结垢太多； 3. 除沫器破损、脱落； 4. 进水中有化学药剂； 5. 出水管不畅； 6. 出水阀阀芯脱落； 7. 进塔压力降低	装置降量或停工	1. 调小进水量； 2. 塔板清洗、除垢； 3. 检查更换除沫器； 4. 更换使用新鲜水； 5. 疏通管道； 6. 更换阀门； 7. 提高空压机压力	视情而定
	空气冷却塔水位超高	1. 出水管不畅； 2. 出水阀阀芯脱落； 3. 进塔压力降低	装置降量或停工	1. 疏通管道； 2. 更换阀门； 3. 提高空压机压力	视情而定

附　录　A
（资料性附录）
空气冷却塔检修质量控制确认表

位号	名称	规格	设计条件		操作条件		介质	主体材质
			温度	压力	温度	压力		

序号	主要检修内容	质量标准	控制级别	检查情况	施工单位检查确认人	生产装置检查确认人	设备管理部门检查确认人	日期
1								

控制级别说明：A：施工单位、生产装置、设备管理部门专业技术人员检查确认后签字。

B：施工单位和生产装置专业技术人员检查确认后签字。

C：施工单位专业技术人员检查确认后签字。

另：如果有监理，监理的职责由甲方授权。

附　录　B

（资料性附录）

空气冷却塔试验与验收数据记录表

<table>
<tr><td>试验类型</td><td colspan="4">□水压　□气压　□气密</td><td>设备名称</td><td colspan="2"></td></tr>
<tr><td>设计压力</td><td colspan="2"></td><td colspan="2"></td><td>设备位号</td><td colspan="2"></td></tr>
<tr><td>设计温度</td><td colspan="2"></td><td colspan="2">MPa</td><td>操作介质</td><td colspan="2"></td></tr>
<tr><td>压力表
精度等级</td><td colspan="2"></td><td colspan="2"></td><td>压力表
量程</td><td colspan="2">MPa</td></tr>
<tr><td>压力表
检定日期</td><td colspan="2"></td><td colspan="2"></td><td>压力表
表盘直径</td><td colspan="2">mm</td></tr>
<tr><td>环境温度</td><td colspan="2"></td><td colspan="2">℃</td><td>试验介质
温度</td><td colspan="2">℃</td></tr>
<tr><td colspan="2"></td><td colspan="2">奥氏体不锈钢设备试验
用水氯离子含量</td><td colspan="4">mg/L</td></tr>
<tr><td rowspan="3">耐压试验</td><td>试验部位</td><td colspan="2"></td><td></td><td>试验介质</td><td colspan="2"></td></tr>
<tr><td>试验压力</td><td colspan="2"></td><td>MPa</td><td>保压时间</td><td colspan="2">min</td></tr>
<tr><td>试验结论</td><td colspan="2">□</td><td colspan="4">□有渗漏　□无渗漏
□有可见异常变形　□无可见异常变形
□有异常响声　□无异常响声
□不合格　□合格</td></tr>
<tr><td rowspan="3">气密试验</td><td>试验部位</td><td colspan="2"></td><td colspan="2"></td><td>试验介质</td><td></td></tr>
<tr><td>试验压力</td><td colspan="2"></td><td colspan="2">MPa</td><td>保压时间</td><td>min</td></tr>
<tr><td>试验结论</td><td colspan="2">□</td><td colspan="4">□有渗漏　□无渗漏
□有可见异常变形　□无可见异常变形
□有异常响声　□无异常响声
□不合格　□合格</td></tr>
<tr><td>补充试验</td><td colspan="7"></td></tr>
<tr><td colspan="2">设备管理部门</td><td colspan="2">监理单位</td><td colspan="2">生产装置</td><td colspan="2">施工单位</td></tr>
<tr><td colspan="2">专业工程师：

日期：　年　月　日</td><td colspan="2">专业工程师：

日期：　年　月　日</td><td colspan="2">专业工程师：

日期：　年　月　日</td><td colspan="2">专业工程师：
质量检查员：
施工班组长：
日期：　年　月　日</td></tr>
</table>

3. 分子筛吸附器维护检修规程

SHS 10007—2019

代替 SHS 10007—2004

目　次

前 言

本规程按照GB/T 1.1—2009《标准化工作导则 第1部分：标准的结构和编写》给出的规则起草。

本规程代替SHS 10007—2004《分子筛纯化器维护检修规程》，与SHS 10007—2004相比，主要技术内容变化如下：

——原检修周期和内容章节中，增加了结构型式、组成等，根据现有设备的特点，取消了导流板和设备内测速的要求，导流板改成了分布器。

——增加了检修维护时空气质量的要求（内部含氧量在19.5%～23%范围内）。

——增加了如果原图样为水压试验要求，改为气压试验时的要求。

本规程由中国石油化工集团有限公司、中国石油化工股份有限公司提出。

本规程起草单位：杭州杭氧股份有限公司。

本规程主要起草人：林秀娜、高毅

本规程历次版本发布情况：

——SHS 10007—1992，SHS 10007—2004。

分子筛吸附器维护检修规程

1 范围

1.1 主题内容

本规程规定了分子筛吸附器的检修周期与内容、检修程序及质量标准、试验与验收、运行维护与故障处理。

1.2 适用范围

本规程适用于空分装置分子筛吸附器的维护检修。

2 规范性引用文件

下列文件中的条款通过本规程的引用而成为本规程的条款。凡是注日期的引用文件，其随后所有的修改单（不包括勘误的内容）或修订版均不适用于本标准，然而，鼓励根据本标准达成协议的各方研究是否可使用这些文件的最新版本。凡是不注日期的引用文件，其最新版本适用于本规程。

TSG 21　固定式压力容器安全技术监察规程

TSG 08　特种设备使用管理规则

GB/T 150.1～150.4　压力容器

SHS 01004　压力容器维护检修规程

SHS 01033　设备及管道绝热维护检修规程

SHS 01034　设备及管道涂层检修规程

HTKA4289　大中型空分设备卧式吸附器吸附剂填装要求（杭氧标准）

HTKA1205　纯化系统分子筛的选型技术要求（杭氧标准）

3 检修周期与内容

3.1 设备简介

3.1.1　吸附器常见结构型式：立式吸附器、卧式吸附器等。

立式吸附器结构型式见图 1。

立式吸附器外壳由上、下封头，筒体、接管、人孔等组成，筒体上部人孔填装分子筛和氧化铝时使用，筒体下部卸料孔用于卸吸附剂。

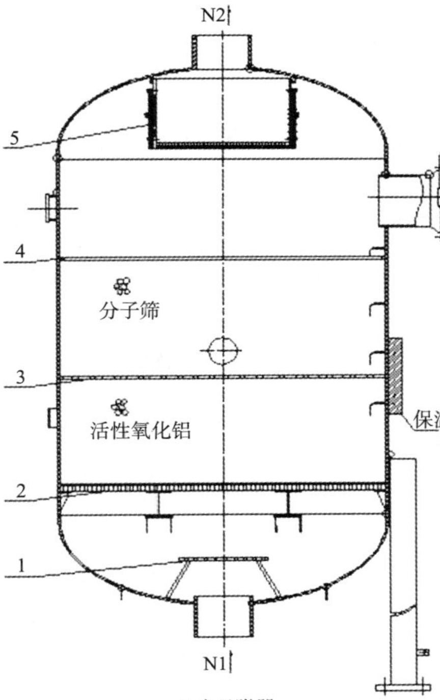

图 1　立式吸附器结构型式

1—缓冲板；2—支承栅架；3—分隔板；4—床层标记线；5—上气体分布器等组成

卧式吸附器结构型式见图 2。

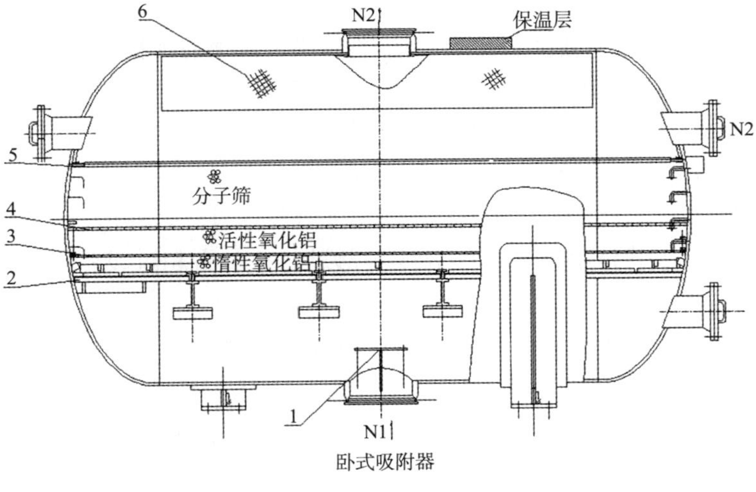

图 2　卧式吸附器结构型式

1—缓冲板或下气体分布器；2—支撑栅架；3—分隔丝网；4—分隔板；5—床层标记线；6—上气体分布器

卧式吸附器外壳由左、右封头，筒体、接管、人孔组成。上部人孔供装卸分子筛和氧化铝用，下部人孔供检查用。筒体外铺设绝热层。

内部床层设置 2 层或 3 层吸附剂。

缓冲板或下气体分布器：为了改善空气流的均匀性，在空气进口处设有缓冲板或下气体分布器。

支承栅架：一定高度的吸附剂的吸附床，是由支承栅架承托的。支承栅架由工字钢、格栅和不锈钢孔板或丝网组成。各零件与壳体四周活动连接，能自由伸缩，能避免热胀冷缩所引起的破坏。

分隔板：防止床层受冲击时，分子筛和活性氧化铝混在一起。而且对气流有一定的阻力，有气流均布作用。

上气体分布器：为了改善再生污氮气流动的均匀性，在污氮气进口处设有上气体分布器，给再生污氮气以阻力，使气流分配均匀，并有过滤作用，防止工作过程中分子筛磨损之粉末进入管路系统。

3.1.2 吸附器作用：被压缩的空气通过预冷系统冷却后，自下而上通过吸附器 MS1201 或 MS1202 时，空气中所含有的水分、乙炔、二氧化碳等杂质相继被吸附清除，净化后的空气，进入冷箱中的主换热器。吸附器成对切换交替使用，当一台进行工作时，另一台进行再生。

3.2 检修周期

根据分子筛吸附器运行状况及更换吸附剂的时间要求，结合 TSG 21《固定式压力容器安全技术监察规程》规定，确定检修周期。一般为 3 ～ 9 年。

3.3 检修内容

3.3.1 压力容器月检查、年度检查、定期检验时确定修理的项目。

3.3.2 拆卸绝热层，拆除进出口管线阀门，安装盲板。

3.3.3 检查、修理设备本体法兰及连接件密封面，更换垫片。

3.3.4 检查筒体垂直度，调整地脚螺栓和垫板。

3.3.5 检查容器本体、开孔接管焊缝有无缺陷（裂纹、过热、变形、泄漏等）。

3.3.6 检查加热阶段筒体上部是否超温或局部过热（是否超过设备设计温度，是否绝热层失效）。

3.3.7 检查氧化铝、分子筛破损情况，筛选或补充氧化铝、分子筛；必要时，更换氧化铝、分子筛。

3.3.8 拆卸分子筛吸附器人孔盖、卸料孔盖等。对容器内壁、内部件检查，必要时拆出内部件检查。

3.3.8.1 检查缓冲板或分布器零件有无变形或腐蚀，视情况修复或更换。

3.3.8.2 检查内置式过滤器上丝网有无堵塞或破损，视情况清扫、修复或更换。

3.3.8.3 检查支撑栅架是否有泄漏点，分子筛床面如有大凹坑，则可能存在泄漏点，检查支撑栅架是否存在破损、脱落，移位零件。检查支撑栅架孔板或网有无开裂，螺栓有无松动，视情况修复或紧固。
3.3.9 检查设备基础下沉、倾斜或裂纹，基础螺栓和螺母松动、裂纹、腐蚀等；如发现问题，进行相应修复。
3.3.10 检查、修理支腿、鞍座、裙座。
3.3.11 对连通设备的压力表、测温仪表等附件进行校验或更换。
3.3.12 检查自动切换阀、阀件，视情况对其进行检修或更换。
3.3.13 检查接地完好情况。
3.3.14 检查或更换部分螺栓、螺母。
3.3.15 试压、气密。
3.3.16 拆除盲板，管线、回装阀门，封闭所有人孔、装料孔。
3.3.17 绝热层、防腐层修理或更换。

4 检修程序与质量标准

4.1 检修前准备

4.1.1 掌握设备运行状况，编制、审批、下达检修计划，备齐检修所需的图纸、技术资料和相关检修记录，制定检修方案或检修作业指导书，产权单位、检修单位按规定进行检修作业的双向交底，并做好交底记录。
4.1.2 按要求备齐检修所需工器具、吊具、量具、分子筛、活性氧化铝和惰性氧化铝存放密闭袋（箱）等。
4.1.3 备齐检修所需备品、配件、材料和劳动保护用品等。包括密封件、紧固件、安全附件、测量仪表、绝热材料、焊材、丝网等。
4.1.4 从事压力容器检修的单位、人员必须符合 TSG 21《固定式压力容器安全技术监察规程》的有关规定。注意：设备内件安装人员必须熟读相应安装指导手册，特别要注意“安全－防高温烫伤、防污氮气窒息”“注意事项”和“安装”章节。
4.1.5 从事分子筛吸附器检修的所有人员必须身体健康，经过三级安全教育合格。
4.1.6 检修前的条件确认
4.1.6.1 切断吸附器、再生设备上的有关气源、电源、蒸汽。设置安全警示标志。
4.1.6.2 分子筛吸附器内部和设备接管（指设备与第一道阀门之间的管道）内介质吹扫、置换合格，检查确认分子筛吸附器与其他设备相通的工艺管线是否隔断或用盲板隔离，检修时应配备通风等相应的安全防护措施。
4.1.6.3 检查确认是否按规定办理了各类作业票证。特别注意：动火、防中毒、防窒息分析的取样要具有代表性，必要时，取样人员穿戴长管空气呼吸器进入吸附器内部取样。人员进入分子筛吸附器内部检修前，必须进行空气置换，使内部氧气含量在

19.5% ～ 23.5% 范围内，防止发生内部氮气窒息事故；进入人员需佩戴测氧仪，同时应配备通风等相应安全防护措施。

4.1.6.4 检查确认吸附器内部检修、照明用电符合标准规范。

4.1.6.5 确认吸附器与安装场地平整清洁，具有防风、防尘和防雨设施。

4.2 检修质量标准

4.2.1 分子筛吸附器月检查、年度检查、定期检验应符合 TSG 21—2016《固定式压力容器安全技术监察规程》的要求。

4.2.2 吸附剂（分子筛、氧化铝）的吸附性能在装入前应进行性能检查（或有可靠的测试报告），符合图样规定（表 1 为参考值，具体以设计值为准）。

表 1 常用吸附剂的规格与性能

名称	分子筛	分子筛	活性氧化铝	惰性氧化铝
型号	13X-APG	13X-APG Ⅱ A8×12 目	WHA-103	WHA-106
规格	1/16″（条形）	ϕ1.85 ～ 2.25mm（球形）	ϕ3 ～ 5mm（球形）	ϕ10mm（球形）
堆密度	～ 626kg/m^3	～ 665kg/m^3	～ 680kg/m^3	1200kg/m^3
抗碎强度 /（N/颗）	30（范围 20 ～ 50）	29（范围 15 ～ 45）	～ 100	～ 1500
平衡时吸附量（质量分数）	二氧化碳容量 17.6%（范围 16.5% ～ 19%）	二氧化碳容量 19.1%（范围 17.5% ～ 21%）	水容量 ≥ 18.0%（静态吸附，RH=60%）	吸水率＜ 5.0%（水）
含水量（质量分数）/%	0.51（范围 0 ～ 2.5）	0.7（范围 0 ～ 2.0）	—	—

4.2.3 上、下气体分布器、分隔板等铆接的铆钉不允许有松动、脱落，搭接焊缝不允许开裂。不允许有脱落、变形的零件。

4.2.4 分子筛支撑栅架不允许有破损、脱落，修补或更换的丝网材质与规格应符合原设计要求。不允许存在泄漏吸附剂的情况。由于吸附器内温度变化频繁，内件不允许随意焊接固定。

4.2.5 内置式过滤器上丝网无堵塞或破损，过滤器上松动、脱落的铆钉必须去除，重新铆接。

4.2.6 立式吸附器筒体垂直度允差 $\Delta H \leqslant H/1000$（$H$ 为筒体高度）。

4.2.7 安全附件应符合标准，仪表显示控制系统应准确。

4.3.8 接地线良好，对地电阻应符合设计要求。

4.2.9 按设计图样要求装填氧化铝、分子筛至图样规定的标记线。

特别注意项：装入氧化铝、分子筛后，分别平整床层。平整后的床面高低偏差

±10mm。（如为径向流吸附器，参看厂家装料要求，必须装到规定高度，且不得混装。）有分子筛填装说明要求的，直接引用。严防分子筛、活性氧化铝受潮，填装吸附剂过程中不得存在鼓风、风扇等导致过多吸附水分、CO_2等杂质的隐患，尽量保持干燥。

4.2.10 阀门、法兰密封面应完好，无划痕、凹坑等。采用直接研磨或焊接后铲平研磨、高分子涂层等修理方法的，研磨后密封面的粗糙度不低于 R_a0.8。

4.2.11 分子筛吸附器的绝热层维护检修质量标准按 SHS 01033《设备及管道绝热维护检修规程》执行。

4.2.12 分子筛吸附器的防腐涂层维护检修质量标准按 SHS 01034《设备及管道涂层维护检修规程》执行。

4.2.13 分子筛吸附器的壳体及受压元件检修质量标准按 SHS 01004《压力容器维护检修规程》执行。

5 试验与验收

5.1 试验前的准备

5.1.1 备齐试验所需的试压机具、工装、材料、测量仪表，试验介质等物料。

5.1.2 检查确认各项检修项目已完成，检修记录齐全，检修质量符合本规程 4.2 条检修质量标准的规定。

5.1.3 检查确认设备内部洁净、无杂物，封闭人孔、进料孔。

5.1.4 拆盲板，连接好阀门、管道；

5.1.5 检查确认设备零部件完整无缺；安全附件校验合格，齐全完整；仪表附件齐全、准确、灵敏、可靠。螺栓紧固。

5.1.6 工艺处理完毕，各专业人员共检完毕，具备试验条件。

5.2 试验

5.2.1 受压元件采用焊接方法进行修理的，填装分子筛前按 TSG 21—2016《固定式压力容器安全技术监察规程》进行压力试验合格。推荐采用气压试验。

5.2.2 按设计文件或标准进行气密性试验合格。

5.2.3 对切换系统进行试验，应符合设计要求。

5.3 验收

5.3.1 分子筛吸附器检修完毕后，应组织检查验收，确认检修项目完成并质量合格。

5.3.2 分子筛吸附器检修资料齐全，至少包括：

a）分子筛吸附器定期检验报告；

b）更换零部件、吸附剂的质量证明书、有关复检报告；

c）分子筛吸附器检修质量控制确认表；

d）分子筛吸附器试验与验收数据记录表；

e）安全附件校验、定压记录；

f）封闭记录；

g）检修竣工验收单。

5.3.3 按操作规程对分子筛吸附器缓慢升压后投入使用，符合工艺指标，运行24h后，设备本体及各部件、附件无异常情况，密封点无泄漏，办理竣工验收手续。

6 运行维护与故障处理

6.1 日常维护

6.1.1 维护内容

6.1.1.1 检查安全附件、测量仪表等完好情况。

6.1.1.2 排查密封点泄漏情况，视情况处理。

6.1.1.3 检查接地线是否完好。

6.1.1.4 检查设备基础下沉、倾斜或裂纹，基础螺栓和螺母松动、裂纹、腐蚀等。

6.1.1.5 检查绝热层和防腐层。

6.1.1.6 检查分子筛吸附器放空口是否有分子筛泄漏。检查再生气排出口有无吸附剂，视情况对吸附剂进行筛选、补充或更换。

6.1.1.7 检查分子筛吸附器出口空气中 CO_2 含量是否超标。

6.1.1.8 检查分子筛再生是否达到工艺要求。

6.2 常见功能故障与处理方法

分子筛吸附器常见功能故障与处理方法见表2。

表2 分子筛吸附器常见功能故障与处理方法

序号	功能	功能故障	故障模式	故障后果	故障应对策略与检修内容	检修周期
1	吸附分离空气中的水分、乙炔、二氧化碳等杂质	出吸附器的空气中 CO_2、乙炔、水分等超标	内部件损坏	装置降量或停工	修理	视情而定
2			分子筛床层不平整	装置降量或停工	扒平床层	视情而定
3			分子筛网漏	装置降量或停工	补网	视情而定
4			分子筛性能下降	装置降量或停工	补充、更换分子筛	视情而定
5			分子筛再生不足	装置降量或停工	提高加热温度，延长加温时间或活化处理	视情而定
6			分子筛带水	装置降量或停工	活化或更换分子筛	视情而定

表2　分子筛吸附器常见功能故障与处理方法（续）

序号	功能	功能故障	故障模式	故障后果	故障应对策略与检修内容	检修周期
7	吸附分离空气中的水分、乙炔、二氧化碳等杂质	吸附器工作压力下降	压力测量仪表故障	装置运行波动或停工	修复压力测量仪表	视情而定
8			切换阀内漏	装置降量或停工	修复泄漏阀门	视情而定
9			静密封点泄漏	装置运行波动、降量或停工	更换密封垫片，紧固螺栓、螺母	视情而定
10		工作、再生温度下降	温度曲线不正常	装置运行波动、降量或停工	检查修复测温仪表	视情而定
11			接管焊缝泄漏	装置运行波动、降量或停工	焊接修复接管	视情而定

附 录 A
（资料性附录）
分子筛吸附器检修质量控制确认表

<table>
<tr><td rowspan="2">位号</td><td rowspan="2">名称</td><td rowspan="2">规格</td><td colspan="2">设计条件</td><td colspan="2">操作条件</td><td>介质</td><td>主体材质</td><td>备注</td></tr>
<tr><td>温度</td><td>压力</td><td>温度</td><td>压力</td><td></td><td></td><td></td></tr>
<tr><td></td><td></td><td></td><td></td><td></td><td></td><td></td><td></td><td></td><td></td></tr>
<tr><td>序号</td><td colspan="2">主要检修内容</td><td>质量标准</td><td>控制级别</td><td>检查情况</td><td>施工单位检查确认人</td><td>生产装置检查确认人</td><td>设备管理部门检查确认人</td><td>日期</td></tr>
<tr><td>1</td><td colspan="2"></td><td></td><td></td><td></td><td></td><td></td><td></td><td></td></tr>
<tr><td>2</td><td colspan="2"></td><td></td><td></td><td></td><td></td><td></td><td></td><td></td></tr>
<tr><td>3</td><td colspan="2"></td><td></td><td></td><td></td><td></td><td></td><td></td><td></td></tr>
<tr><td>4</td><td colspan="2"></td><td></td><td></td><td></td><td></td><td></td><td></td><td></td></tr>
</table>

控制级别说明： A：施工单位、生产装置、设备管理部门专业技术人员检查确认后签字。

B：施工单位和生产装置专业技术人员检查确认后签字。

C：施工单位专业技术人员检查确认后签字。

另：如果有监理，监理的职责由甲方授权。

附　录　B
（资料性附录）
分子筛吸附器试验与验收数据记录表

<table>
<tr><td>试验类型</td><td colspan="4">□气压　□气密</td><td>设备名称</td><td colspan="2"></td></tr>
<tr><td>设计压力</td><td colspan="2"></td><td colspan="2"></td><td>设备位号</td><td colspan="2"></td></tr>
<tr><td>设计温度</td><td colspan="2"></td><td colspan="2">MPa</td><td>操作介质</td><td colspan="2"></td></tr>
<tr><td>压力表
精度等级</td><td colspan="2"></td><td colspan="2"></td><td>压力表
量程</td><td colspan="2">MPa</td></tr>
<tr><td>压力表
检定日期</td><td colspan="2"></td><td colspan="2"></td><td>压力表
表盘直径</td><td colspan="2">mm</td></tr>
<tr><td>环境温度</td><td colspan="2"></td><td colspan="2">℃</td><td>试验介质
温度</td><td colspan="2">℃</td></tr>
<tr><td rowspan="3">耐压试验</td><td>试验部位</td><td colspan="2"></td><td></td><td>试验介质</td><td colspan="2"></td></tr>
<tr><td>试验压力</td><td colspan="2"></td><td>MPa</td><td>保压时间</td><td colspan="2">min</td></tr>
<tr><td>试验结论</td><td colspan="2"></td><td colspan="4">□有渗漏　□无渗漏
□有可见异常变形　□无可见异常变形
□有异常响声　□无异常响声
□不合格　□合格</td></tr>
<tr><td rowspan="3">气密试验</td><td>试验部位</td><td colspan="2"></td><td colspan="2"></td><td>试验介质</td><td></td></tr>
<tr><td>试验压力</td><td colspan="2"></td><td colspan="2">MPa</td><td>保压时间</td><td>min</td></tr>
<tr><td>试验结论</td><td colspan="2"></td><td colspan="4">□有渗漏　□无渗漏
□有可见异常变形　□无可见异常变形
□有异常响声　□无异常响声
□不合格　□合格</td></tr>
<tr><td>补充试验</td><td colspan="7"></td></tr>
<tr><td colspan="2">设备管理部门</td><td colspan="2">监理单位</td><td colspan="2">生产装置</td><td colspan="2">施工单位</td></tr>
<tr><td colspan="2">专业工程师：

日期：　年　月　日</td><td colspan="2">专业工程师：

日期：　年　月　日</td><td colspan="2">专业工程师：

日期：　年　月　日</td><td colspan="2">专业工程师：
质量检查员：
施工班组长：
日期：　年　月　日</td></tr>
</table>

4. 板翅式换热器维护检修规程

SHS 10008—2019

代替 SHS 10008—2004

目　次

前　言

本规程按照 GB/T 1.1—2009《标准化工作导则　第 1 部分：标准的结构和编写》给出的规则起草。

本规程代替 SHS 10008—2004《切换板翅式换热器维护检修规程》，与 SHS 10008—2004 相比，除编辑性修改外，主要技术变化如下：

——空分设备切换式流程已被分子筛吸附流程所取代，切换板翅式换热器近 20 年来已不再有厂商设计制造，绝大部分的在用设备也已被改造为分子筛吸附流程。所以本规范删除了切换板翅式换热器的维护检修相关内容，更新为铝制板翅式换热器的维护检修相关内容；

——由于铝制板翅式换热器的维修对专业技术的要求较高，应有板翅式换热器制造厂商的专业人员参与制定检修方案；

——取消了新设备安装前须再次进行耐压试验的要求；

——取消了设备检修后裸冷的要求。

本规程由中国石油化工集团有限公司、中国石油化工股份有限公司提出。

本规程起草单位：杭州杭氧股份有限公司。

本规程主要起草人：朱平

本规程历次版本发布情况：

——SHS 10008—1992，SHS 10008—2004。

板翅式换热器维护检修规程

1 范围

1.1 主题内容

本规程规定了空分设备中铝制板翅式换热器的检修周期与内容、检修程序与质量标准、试验与验收、运行维护与故障处理。

1.2 适用范围

本规程适用于空分装置铝制板翅式换热器的维护和检修。以空分设备中的主换热器为主，其余过冷器、冷凝蒸发器单元、粗氩冷凝器单元等可参照执行。除符合本规程外，板翅式换热器维护检修还应符合设计文件的要求。

2 规范性引用文件

下列文件中的条款通过本规程的引用而成为本规程的条款。凡是注日期的引用文件，其随后所有的修改单（不包括勘误的内容）或修订版均不适用于本标准，然而，鼓励根据本标准达成协议的各方研究是否可使用这些文件的最新版本。凡是不注日期的引用文件，其最新版本适用于本规程。

TSG 21　固定式压力容器安全技术监察规程

GB/T 150.1～150.4　压力容器

GB 50236　现场设备、工业管道焊接工程施工规范

GB 50231　机械设备安装工程施工及验收通用规范

NB/T 47006　铝制板翅式热交换器

NB/T 47013　承压设备无损检测

JB/T 9071　铝制空气分离设备氩弧焊工艺规程及焊接工艺评定

JB/T 4734　铝制焊接容器

JB/T 6896　空气分离设备表面清洁度

3 检修周期与内容

3.1 设备简介

板翅式换热器结构如图 1 所示。

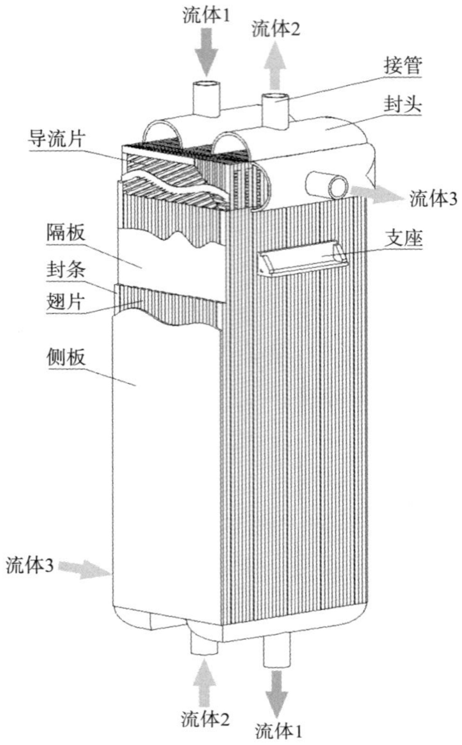

图 1　板翅式换热器结构简图

板翅式换热器通常为铝制，主要由芯体、封头、接管、支座组成。

芯体由翅片、隔板、封条、导流片、侧板等组成，采用真空钎焊的方式制作而成，是主要的换热元件。

翅片：板翅式换热器的传热过程主要依靠翅片来完成，同时承担两隔板之间支撑作用，翅片很薄，通常只有 0.15 ～ 0.5mm，却能承受较高的压力。

隔板：主要用于传递热量和把介质分隔开来，也是主要承压元件。

封条：在换热器四周起密封和支撑作用。

导流片：起到分配和汇集流体的作用，常用于流体进出口。

侧板：是板翅式换热器最外侧的平板，主要起保护作用。

板翅式换热器（主换热器）作用：实现空气、增压空气等正流气体与氧气、氮气、污氮气等返流气体之间的热交换。空气由常温冷却至 100K 左右，增压空气由常温冷却至膨胀机前温度，氧气、氮气、污氮气等返流气体由低温复温至常温。

3.2　检修周期

根据对板翅式换热器功能故障及其影响分析的结果、有无备用设备，并结合空分冷箱的检修周期，统筹考虑，确定检修周期，一般为 3 ～ 10 年。

3.3 检修内容

3.3.1 加装盲板，制作扒珠光砂工装。

3.3.2 打开冷箱卸砂孔，扒除珠光砂。

3.3.3 开人孔，清理残留在设备、管道上的珠光砂；搭设脚手架。

3.3.4 外部检查

3.3.4.1 宏观检查板翅式换热器封头、接管弯曲、压瘪、变形、腐蚀情况，视情修理或更换。

3.3.4.2 渗透检测芯体、封头、接管及其他开孔处、支座、支架等的所有焊缝是否有裂纹、气孔。对多个换热单元拼接而成的板翅式换热器芯体，要着重检查拼接焊缝磨蚀、变形、开裂等情况，视情焊接修复。

3.3.4.3 测厚检查封头、接管。

3.3.5 内部检查

3.3.5.1 在板翅式换热器封头或接管上开小孔，用内窥镜检查芯体端部的隔板、导流片，以及封头、接管内部的清洁、变形情况。

3.3.5.2 板翅式换热器及附属管道充气查漏，消除漏点。

3.3.6 检查板翅式换热器基础下沉、倾斜及开裂等现象，视情矫正、加固。

3.3.7 检查设备的基础、支座、支架、垫块及螺栓。检查活动支座、基础螺栓有无松动、锈蚀，支座导向垫是否完好，视情况进行预紧或更换。

3.3.8 检查板翅式换热器连接管道的所有支吊架，视情修理或更换。

3.3.9 检查板翅式换热器接管与相邻构件之间有无擦碰痕迹。

3.3.10 对宏观检查、无损检测发现的超标缺陷和充气查漏发现的漏点进行处理。

3.3.11 拆除盲板，根据有关规范对板翅式换热器进行耐压试验和气密性试验。试压、查漏并标出泄漏部位，必要时对各通道分别依次充压，检查设备内漏情况。

3.3.12 拆除脚手架。

3.3.13 封冷箱人孔，卸砂孔，装珠光砂。

3.3.14 芯体单元损坏严重，现场难以或无法修复时，吊出冷箱，返厂检修或更换。

4 检修程序与质量标准

4.1 检修前准备与注意事项

4.1.1 掌握板翅式换热器运行状况，分析其运行数据，明确检修的主要内容。

4.1.2 编制、审批、下达检修计划，签订好合同，备齐检修所需的图纸和技术资料，制定卸砂、脚手架搭设与拆除、设备及管道检修、吊装、气密试验、吹扫、裸冷、装砂等检修施工方案，产权单位、检修单位按规定进行检修作业的双向交底，并做好交底记录。

4.1.3 按要求备齐板翅式换热器检修所需工器具、吊车（具）、量具、装珠光砂防潮袋、便携式缝纫机、装珠光砂设备等。同时落实好珠光砂堆放场地。

注意：珠光砂存放场地要有防雨、防潮设施。

4.1.4 备齐检修所需备品、配件、材料和劳动保护用品等。检查核实备品、配件、材料的规格尺寸和材质是否满足技术要求。

特别注意：用于板翅式换热器检修的管道材料、器具、工具、吊具等应进行除油脱脂，严格控制油脂残留量，并符合 JB/T 6896—2007《空气分离设备表面清洁度》的要求。

4.1.5 板翅式换热器检修、安装作业的单位必须具备相应的资质、对作业人员进行专业培训，检修人员必须熟读检修、安装工作的各类检修方案和板翅式换热器安装指导手册，特别要注意“安全”和“安装”章节。

4.1.6 从事板翅式换热器检修、安装的所有人员必须身体健康，经过三级安全教育，考试合格。

4.1.7 对空分冷箱按规定进行加温、吹除，且冷箱内珠光砂达到常温，方可交付检修。

4.1.8 检修前条件确认。

4.1.8.1 板翅式换热器内部各流体通道和接管（指设备与第一道阀门之间的管道）内介质排净、吹扫、置换合格，检查确认工艺管线是否隔断或用盲板隔离。

特别注意：用盲板隔断与板翅式换热器相连接的管道，要设置明显的隔离标记，并作详细记录。切开的管口应及时进行封闭保护，以防潮气或异物进入。

4.1.8.2 检查确认是否按规定办理了各类作业票证。特别注意：动火、防中毒、防窒息分析的取样要具有代表性，必要时，取样人员穿戴长管空气呼吸器进入冷箱内部取样。

注意安全事故：检修人员进入冷箱对板翅式换热器进行检修前，冷箱和板翅式换热器必须进行空气置换，及至内部氧气含量在 19.5% ～ 23% 范围内，防止发生内部氮气窒息或氧中毒事故，检修人员需佩戴测氧仪，同时应配备通风等相应安全防护措施。

4.1.8.3 检查确认冷箱内部检修、照明用电符合标准规范。

4.2 检修方法及质量标准

4.2.1 外观检查时，板翅式换热器应无明显外观缺陷，如发现划痕、凹陷、变形应做记录备查。缺陷打磨部位的剩余壁厚小于原设计计算厚度时，必须进行补焊处理。

4.2.2 测厚判定板翅式换热器的封头和接管壁厚减薄情况，对于强度不足的封头、接管应采取堆焊、挖补进行修理，壁厚减薄严重时予以更换。堆焊表面不得高出母材表面 2mm，否则，高出部分应磨去。

4.2.3 芯体外漏可用局部补焊的方法处理。

4.2.4 板翅式换热器芯体不同流体通道间存在内漏时，当泄漏点比较靠近封条时可采用局部挖补堵焊处理。当泄漏点比较深无法挖补堆焊处理时，可将泄漏的那层通道做封堵处理，封堵的每种流体通道层数不应超过该流体通道总层数的 10%，当设备换热面积裕量较大时，可适当超过上述比例。

4.2.5 对于多个换热单元拼接而成的换热器芯体，经检查发现拼接焊缝有裂纹、磨蚀、变形等情况的应及时处理。拼接焊缝有裂纹但未延伸进入换热器封头内部应立即做止裂措施防止裂纹延伸。应在距离封头角焊缝约 50 ～ 100mm 处的拼接焊缝上打圆形止裂孔，或挖垂直于拼接焊缝的止裂带（长度约 50mm）再做堆焊磨平处理。

4.2.6 对于空分设备中的主换热器、冷凝蒸发器单元和设计压力大于 2.5MPa 的换热器，钎焊缝的补焊长度不得大于外露隔板（包括封头内）总长度的 0.5%；对于其他换热器，钎焊缝允许的补焊长度不得大于外露隔板（包括封条内）总长度的 1.5%。

4.2.7 设备接管有变形时应先对该接管对应的压力腔进行试压，并对变形接管与换热封头的角焊缝进行局部无损检测，试压、检测均合格后可考虑不再做进一步的矫正处理。如接管变形较严重、修复困难时应予以矫正或更换设备接管。

4.2.8 设备表面机械损伤深度不超过壁厚的 5% 且不大于 2mm，对通道上的表面损伤还须打磨至圆滑过渡。不得有沟槽或棱角，侧面斜度应不大于四分之一。

4.2.9 外部管道与设备连接应无应力组对，组对前应按 JB/T 6896《空气分离设备表面清洁度》进行脱脂处理，清洁度检查。

4.2.10 焊缝检测应符合 NB/T 47013、NB/T 47006、JB/T 4734 及 GB 50236 标准中的有关规定。对接焊缝应进行 100% X 射线检验，符合 NB/T47013.2Ⅱ级标准，检测技术等级不低于 AB 级；角焊缝及补焊、堆焊表面应进行 100% 渗透检验，符合 NB/T 47013.5Ⅰ级标准。

4.2.11 内漏设备修复后，复位前应按 NB/T 47006 的有关条款进行试验和验收。

4.2.12 设备安装中心距允差为 ±5mm，垂直度允差为高度的 1‰。

4.2.13 拆除脚手架，装填绝热材料的质量标准按 SHS 10009《空分冷箱维护检修规程》中 5.1.5、5.1.6 条执行。

4.2.14 板翅式换热器返厂检修注意事项：设备吊装用索具必须为柔性吊带，设备所有接管必须封堵，防止脏、异物进入，装车运输必须固定牢靠，防碰撞。

5 试验与验收

5.1 试验前的准备

5.1.1 检查确认检修内容全部检修完毕，并经检查合格，有完整的检查和检修记录，具备试验条件。

5.1.2 准备好试验用压力源和试验介质，试验用压力源应放在安全可靠、便于操纵的地点，试验介质应采用洁净、干燥、无油的空气或氮气。压力试验推荐采用气压试验。

5.1.3 准备好校验合格的压力表。

5.1.4 不参与气压试验部分必须用盲板隔断。

5.2 试验

5.2.1 按设计文件或标准进行气压试验合格。
5.2.2 按设计文件或标准进行气密性试验合格。
5.2.3 气密性试验可随冷箱系统同步进行。

5.3 验收

5.3.1 检修质量符合本规程规定。
5.3.2 所有检修项目应有完整的检修记录。
5.3.3 设备运行正常 24h 后，各项运行参数符合工艺指标，生产能耗、能力、产品纯度达到设计值。
5.3.4 按规定办理竣工验收手续。

6 运行维护与故障处理

6.1 日常维护

6.1.1 检查冷箱的保冷效果是否良好，外壁有无结冰、结霜、凝水、冒蒸汽等现象，冷箱内的氮封压力、氧含量是否正常，冷箱排气阀排出气体的气味或组分是否有变化。
6.1.2 定期检查冷箱顶部珠光砂下沉情况，如有下沉及时补充。
6.1.3 检查换热器阻力、端面温差、中抽温度、产品纯度、流体流量等参数是否正常。当怀疑有泄漏时，应立即进行检查，并尽快与制造厂联系，如可能泄漏的是有毒有害物质，应立即采取防护措施。

6.2 常见功能故障与处理方法

板翅式换热器常见功能故障与处理方法见表 1。

表 1 板翅式换热器常见功能故障与处理方法

序号	功能	功能故障	功能故障模式	故障后果	故障应对策略与检修内容	检修周期
1	换热器各通道运行压降不大于设计值	换热器各通道运行压降超过设计值	介质带水导致冰堵 烃类物质超标	空分装置能耗增加或设备损坏停车	调节工艺参数，严重时停车解冻；如由系统设备引起，应检查修复系统设备	视情而定
			换热器通道内有异物堵塞	空分装置能耗增加或停车	分析可能的异物来源。停车排除异物	视情而定

表 1　板翅式换热器常见功能故障与处理方法（续）

序号	功能	功能故障	功能故障模式	故障后果	故障应对策略与检修内容	检修周期
2	经过换热器换热后各通道介质纯度保持不变或流量保持不变	经过换热器换热后有介质纯度发生变化或流量减少	板束单元有内漏	设备损坏停车	停车维修堵漏或封堵通道	视情而定
			板束单元有外漏	设备损坏停车	停车维修堵漏或封堵通道	视情而定
3	换热器冷热流体出口温度达到设计值	换热器冷热流体出口温度未达到设计值	换热器气体通道带液	空分装置产量不足或能耗增加	查找系统内可能导致带液的源头，纠正偏差	视情而定
			运行工况严重偏离设计工况		查找运行工况偏离原因，纠正运行偏差	视情而定

附　录　A
（资料性附录）
板翅式换热器检修质量控制确认表

位号	名称	规格	设计条件		操作条件		介质	主体材质	备注
			温度	压力	温度	压力			

序号	主要检修内容	质量标准	控制级别	检查情况	施工单位检查确认人	生产装置检查确认人	设备管理部门检查确认人	日期
1								

控制级别说明： A：施工单位、生产装置、设备管理部门专业技术人员检查确认后签字。
B：施工单位和生产装置专业技术人员检查确认后签字。
C：施工单位专业技术人员检查确认后签字。
另：如果有监理，监理的职责由甲方授权。

附　录　B
（资料性附录）
板翅式换热器试验与验收数据记录表

<table>
<tr><td>试验类型</td><td colspan="4">☐气压　☐气密</td><td>设备名称</td><td colspan="2"></td></tr>
<tr><td>设计压力</td><td colspan="2"></td><td colspan="2"></td><td>设备位号</td><td colspan="2"></td></tr>
<tr><td>设计温度</td><td colspan="2"></td><td colspan="2">MPa</td><td>操作介质</td><td colspan="2"></td></tr>
<tr><td>压力表
精度等级</td><td colspan="2"></td><td colspan="2"></td><td>压力表
量程</td><td colspan="2">MPa</td></tr>
<tr><td>压力表
检定日期</td><td colspan="2"></td><td colspan="2"></td><td>压力表
表盘直径</td><td colspan="2">mm</td></tr>
<tr><td>环境温度</td><td colspan="2"></td><td colspan="2">℃</td><td>试验介质
温度</td><td colspan="2">℃</td></tr>
<tr><td colspan="2"></td><td colspan="2">奥氏体不锈钢设备试验
用水氯离子含量</td><td colspan="4">mg/L</td></tr>
<tr><td rowspan="3">耐压试验</td><td>试验部位</td><td colspan="2"></td><td></td><td>试验介质</td><td colspan="2"></td></tr>
<tr><td>试验压力</td><td colspan="2"></td><td>MPa</td><td>保压时间</td><td colspan="2">min</td></tr>
<tr><td>试验结论</td><td colspan="2">☐</td><td colspan="4">☐有渗漏（或有漏气）　☐无渗漏（或无漏气）
☐有可见异常变形　☐无可见异常变形
☐有异常响声　☐无异常响声
☐不合格　☐合格</td></tr>
<tr><td rowspan="3">气密试验</td><td>试验部位</td><td colspan="2"></td><td colspan="2"></td><td>试验介质</td><td></td></tr>
<tr><td>试验压力</td><td colspan="2"></td><td colspan="2">MPa</td><td>保压时间</td><td>min</td></tr>
<tr><td>试验结论</td><td colspan="2">☐</td><td colspan="4">☐有泄漏　☐无泄漏
☐有可见异常变形　☐无可见异常变形
☐有异常响声　☐无异常响声
☐不合格　☐合格</td></tr>
<tr><td>补充试验</td><td colspan="7"></td></tr>
<tr><td colspan="2">设备管理部门</td><td colspan="2">监理单位</td><td colspan="2">生产装置</td><td colspan="2">施工单位</td></tr>
<tr><td colspan="2">专业工程师：

日期：　年　月　日</td><td colspan="2">专业工程师：

日期：　年　月　日</td><td colspan="2">专业工程师：

日期：　年　月　日</td><td colspan="2">专业工程师：
质量检查员：
施工班组长：
日期：　年　月　日</td></tr>
</table>

5. 空分冷箱维护检修规程

SHS 10009—2019

代替 SHS 10009—2004

目　次

前　　言

本规程按照GB/T 1.1—2009《标准化工作导则　第1部分：标准的结构和编写》给出的规则修订。

本规程代替SHS 10009—2004《空分塔维护检修规程》，与SHS 10009—2004相比，除了编辑性修改外，主要技术变化如下：

——原检修周期与内容章节中，检修周期分大修、中修和小修，并给出具体的检修周期。修订后删除了大修、中修、小修的提法，修改了检修周期的规定；

——更改了筛板塔的检修要求；

——删除了在空分中已无应用的泡罩塔检修要求；

——增加了目前应用广泛的填料塔的检修要求；

——更改了管道的检修要求；

——更改了维护与故障处理的内容；

——增加“附录A　冷箱检修质量控制确认表”；

——增加“附录B　冷箱试验与验收数据记录表”；

本规程由中国石油化工集团有限公司、中国石油化工股份有限公司提出。

本规程起草单位：杭州杭氧股份有限公司。

本规程主要起草人：钱吉庆、杨修玲、易雄。

本规程历次版本发布情况：

——SHS 10009—1992，SHS 10009—2004。

空分冷箱维护检修规程

1 范围

1.1 主题内容

本规程规定了空分装置冷箱的检修周期与内容、检修程序与质量标准、试验与验收、运行维护与故障处理。

1.2 适用范围

本规程适用于SHZ 10001—2019《空分装置维护检修规程》规定的以低温法分离空气的大、中型及以上规模空分装置冷箱的维护与检修，其他规模空分装置冷箱可参考执行。

2 规范性引用文件

下列文件中的条款通过本规程的引用而成为本规程的条款。凡是注日期的引用文件，其随后所有的修改单（不包括勘误的内容）或修订版均不适用于本规程，然而，鼓励根据本规程达成协议的各方研究是否可使用这些文件的最新版本。凡是不注日期的引用文件，其最新版本适用于本规程。

TSG D0001 压力管道安全技术监察规程——工业管道
TSG 07 特种设备生产和充装单位许可规则
TSG 21 固定式压力容器安全技术监察规程
GB/T 20801 压力管道规范 工业管道
GB 50235 工业金属管道工程施工规范
GB 50236 现场设备、工业管道焊接工程施工规范
NB/T 47013 承压设备无损检测
JB/T 2549 铝制空气分离设备制造技术规范
JB/T 6896 空气分离设备表面清洁度
JGJ 130 建筑施工扣件式钢管脚手架安全技术规范

3 检修周期与内容

3.1 设备简介

3.1.1 设备特性

空分冷箱是空分装置的核心单元，也叫分馏塔，它将膨胀机、换热设备、精馏设备、管道、阀门等集中在空分冷箱中，同时充入珠光砂绝热，空气中各组分低温精馏后得到分离。目前空分装置主要采用常温分子筛净化、增压膨胀制冷、填料塔精馏、全精馏无氢制氩技术，其流程常分为外压缩流程和内压缩流程两种。空分冷箱的常见工艺流程、主要特性，参见 SHZ 10001—2019《空分装置维护检修规程》。

3.1.2 检修周期

根据对空分冷箱运行情况、功能故障及其影响分析结果，结合生产装置长周期运行情况，确定检修周期。一般为 3 ～ 10 年。

3.2 检修内容

3.2.1 对空分冷箱进行彻底的加温吹除。
3.2.2 加装盲板，制作扒珠光砂工装。
3.2.3 扒珠光砂等保冷材料。
3.2.4 开人孔，搭设脚手架。
3.2.5 全系统查漏，消除漏点。
3.2.6 检查精馏塔塔体垂直度和设备基础。
3.2.7 检查冷箱内设备、管道的所有支吊架，视情修理或更换。
3.2.8 对冷箱内的设备、管道进行宏观检查及无损检测抽查，视情修理或更换。
3.2.9 对精馏塔、换热器、平衡器等设备进行检查，视情修理或更换。
3.2.10 对冷箱钢结构进行检查、修理、内外壁防腐。
3.2.11 检查所有阀门，视情修理或更换。
3.2.12 按规定对安全附件进行调校。
3.2.13 对测量仪表、检测仪表等一次仪表元件进行检查、校验。
3.2.14 对空分冷箱仪表、电气系统进行检查、修理、校正。
3.2.15 拆除盲板，试压、气密、裸冷查漏。
3.2.16 拆除脚手架。
3.2.17 封人孔，装珠光砂。

4 检修程序与质量标准

4.1 检修前准备与注意事项

4.1.1 掌握冷箱运行状况，分析冷箱运行数据，明确检修的主要内容。

4.1.2 编制、审批、下达检修计划，签订好合同，备齐检修所需的图纸和技术资料，制定卸砂、脚手架搭设与拆除、设备检修、管道检修、冷箱钢结构检修、仪表检修、电气检修、管道压力、气密试验、吹扫、裸冷、装砂等检修施工方案，并根据后续检查结果及时补充完善新的方案，产权单位、检修单位按规定进行检修作业的双向交底，并做好交底记录。

4.1.3 按要求备齐冷箱检修所需工器具、吊车（具）、量具、装珠光砂防潮袋、便携式缝纫机、装珠光砂设备等，同时落实好珠光砂堆放场地。

4.1.4 备齐检修所需备品、配件、材料和劳动保护用品等。检查核实备品、配件、材料的规格尺寸和材质是否满足技术要求。

特别注意：用于安装塔内件、管道的材料、器具、工具、吊具等应进行除油脱脂，严格控制油脂残留量，并符合 JB/T 6896—2007《空气分离设备表面清洁度》的要求。

4.1.5 从事冷箱检修作业的单位、人员必须符合 TSG 07—2019《特种设备生产和充装单位许可规则》、TSG 21—2016《固定式压力容器安全技术监察规程》、TSG D0001—2009《压力管道安全技术监察规程—工业管道》的有关规定。注意检修工作人员的培训，检修人员必须熟读冷箱检修的各类检修方案和冷箱安装指导手册，特别要注意“安全”和“安装”章节。

4.1.6 从事冷箱检修的所有人员必须身体健康，经过三级安全教育，考试合格。

4.1.7 对空分冷箱按规定进行加温、吹除，且冷箱内珠光砂达到常温，方可交付检修。

4.1.8 检修前条件确认。

4.1.8.1 冷箱内部和设备接管（指设备与第一道阀门之间的管道）内介质吹扫置换合格，检查确认冷箱与其他设备相通的工艺管线是否隔断或用盲板隔离。如加装盲板进行隔断，必须统计，造册逐一登记，防止拆除时遗漏。

4.1.8.2 检查确认是否按规定办理了各类作业票证。特别注意：动火、防中毒、防窒息分析的取样要具有代表性，必要时，取样人员穿戴长管空气呼吸器进入冷箱内部取样。

4.1.8.3 检查确认冷箱内部检修、照明用电符合标准规范。

4.1.8.4 确认珠光砂存放场地具有防雨、防潮设施。

4.2 检修质量标准

4.2.1 冷箱基础、钢结构检查

4.2.1.1 基础表面不应有裂纹等缺陷。表面应清洁，不允许夹带木板、油毡等易燃物。

4.2.1.2 冷箱基础表面不平整度小于 5/1000，表面水平度小于 5/1000，冷箱基础总长度水平偏差不超过 15mm。

4.2.1.3 测量主冷静电接地电阻及其他静电接地电阻，测量值应小于 10Ω。

4.2.1.4 检查冷箱钢结构垂直度，检修后垂直度均不超过 2:1000，且冷箱总高垂直偏差不得大于 20mm，或按设计图样要求；

4.2.1.5 检查冷箱钢结构水平度，检修后水平度偏差均不超过 2:1000，且总宽度水平偏差不得大于 20mm，或按图样要求。

4.2.1.6 检查冷箱钢板，腐蚀超过壁厚30%应予以更换，对变形部位进行修整。

4.2.1.7 冷箱壁外表面的焊缝应连续焊，不得漏焊。

4.2.1.8 焊接结束后，冷箱壁内、外按设计图样要求防腐。

4.2.2 精馏塔的检修

4.2.2.1 检查精馏塔垂直度，校正后垂直度允差不大于1/1000，总高范围内不超过10mm；检查时应尽量在设备顶部同一高度、用铅垂线在间隔90°的四个轴线上进行。塔体倾斜时，将抱箍与筒体间的垫片垫好，调整拉紧支架及塔支座。

4.2.2.2 检查精馏塔支架，符合设计图样要求。

4.2.2.3 检查精馏塔外壁情况，如有裂纹、划痕等缺陷应按检修方案进行修复。

4.2.2.4 根据停车前的运行工况，决定是否需要进行精馏塔内件的检修。精馏塔检修一般检查塔顶、物料口位置和塔底位置，根据塔内的实际结构情况，有时会有所不同（塔内件检修条件和标准见本规程4.2.2.7条～4.2.2.9条）。

4.2.2.5 检修过程中如需在塔设备上施焊，注意控制焊接电流（电流尽量小，以不超过200A为宜）以防影响塔内件。

4.2.2.6 精馏塔需要内部检修时，需对人孔、物流口等接管进行切割，切割需尽量保证管道连接的第一道环向焊接接头到塔设备之间的接管长度不变，以防开孔补强的强度不够；切割需根据设备壳体和各接管的材质制定相应的切割工艺；切割时还需注意操作位置与人的站立位置，防止塔内气体冲出伤害施工人员；切割时需做好防护措施，尽量避免切屑进入塔内。

4.2.2.7 入塔检修的要求

a）入塔检修需先做好氮气置换工作，待塔内空气质量合格后再入塔操作；在入塔检修的过程中注意空气始终流通。

b）用于塔检修的器具、工具等应进行除油脱脂，严格控制油脂残留量，并符合JB/T 6896—2007《空气分离设备表面清洁度》中5.2的要求；检修人员应穿戴洁净无油的工作鞋、服、防切割手套（手套要求用无纤维质）、护目镜和安全帽进行操作。

c）入筛板塔检修时不能直接踩踏塔板、需使用专门的工艺踏板。

d）进入填料塔进行检修时，注意保护塔内件尤其是填料；踩踏时需铺设踏板，检修塔内件时，注意防止碎屑、油污、砂砾等进入塔内。

e）入塔检修需注意防火。

4.2.2.8 筛板塔的检修

a) 入塔后，检查塔板需满足下列条件：

1) 塔板表面光洁平整，没有翘曲、凹陷、凸起、裂纹、划伤和氧化腐蚀等缺陷；

2) 塔板各结构完好，没有划痕、砸伤、冲击变形等，尤其注意降液管位置和液体进入的无孔板位置处的结构无变形、间隙保持均匀；

3) 塔板嵌入塔壁周圈的涨圈内保持完好，无脱出；

4) 筛孔板平整，拼板间的间隙宽度不得大于0.5d（d为筛孔直径）、间隙连续性长度不得大于3.0mm且无“V”形拼接结构（相连接的拼板折边与筛孔板上表面应相互垂直）；

5）塔板须平整［C 为平整值（见图 1），D 为塔体内径，下同］：

当 $D < 1000\text{mm}$ 时，$C \leqslant (2/1000)D$ 且 $C \leqslant 1.0\text{mm}$；

当 $D \geqslant 1000\text{mm}$ 时，$C \leqslant (1/1000)D$ 且 $C \leqslant 2.0\text{mm}$；

6）塔板应保持水平，其相对于水平面的倾斜度 Y，即最高点与最低点间的垂直距离（见图 2）应符合下列要求（D 为塔体内径）：

当 $D < 1000\text{mm}$ 时，$Y \leqslant (2/1000)D$ 且 $Y \leqslant 1.0\text{mm}$；

当 $D \geqslant 1000\text{mm}$ 时，$Y \leqslant (1/1000)D$ 且 $Y \leqslant 3.0\text{mm}$。

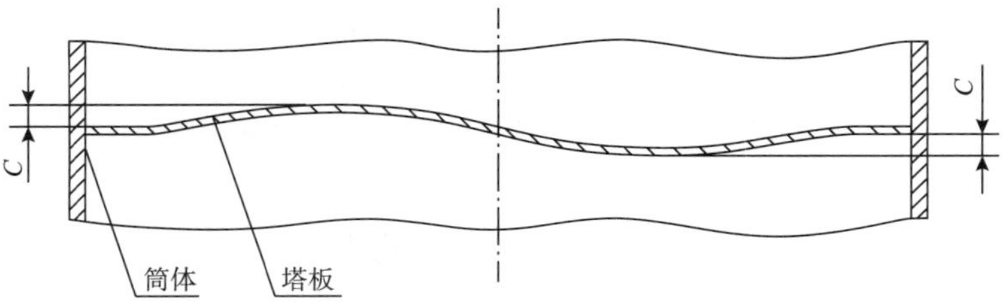

图 1　筛板塔板平整度

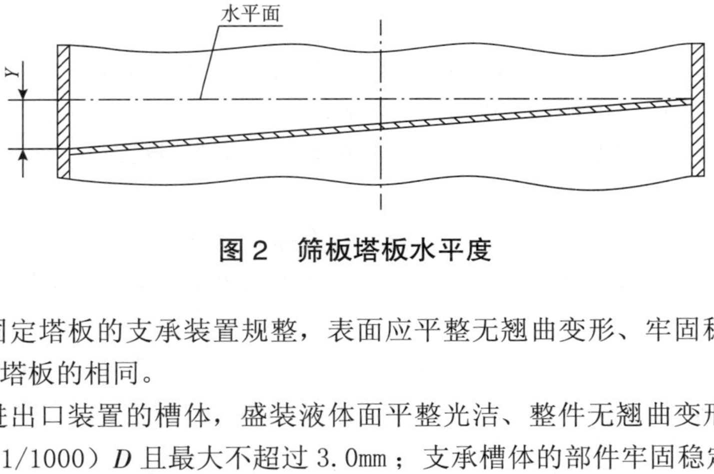

图 2　筛板塔板水平度

b）支承固定塔板的支承装置规整，表面应平整无翘曲变形、牢固稳定，水平度和平整度要求与塔板的相同。

c）液体进出口装置的槽体，盛装液体面平整光洁、整件无翘曲变形，水平度和平整度要求≤（1/1000）D 且最大不超过 3.0mm；支承槽体的部件牢固稳定，无脱焊、变形等；注意检查液体槽盛装空间的各封闭贴合边等，确保密封、不漏液。

d）物料的进、出口位置与相应的结构是否一致，如液体出口应位于液面以下、气体进、出口对其他结构无冲击、空间足够等。

e）如要抽查其余的塔板，则需设计人员根据具体的设计制定专门的方案，开设检查孔，用内窥镜检查。

f）筛板塔的塔内件若需更换，按照 JB/T 2549—2018《铝制空气分离设备制造技术规范》4.2.1 的要求安装。

4.2.2.9　填料塔的检修

a）填料塔的常见内件有填料、液体分布装置、填料紧固装置、填料支承装置、液体收集再分布及进料装置、气体进料及分布装置、除沫装置等（见图3）。

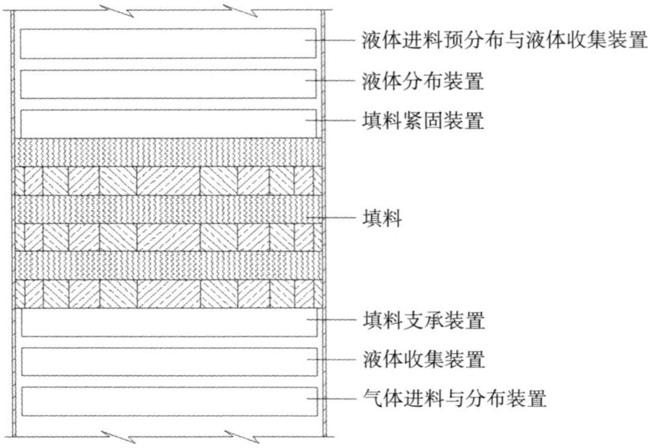

图3　填料塔示意图

b）入塔后检查的填料需满足：

1）填料盘上的填料片之间间隙均匀，各填料片自然伸展无弯折，相互间无挤压变形；

2）填料盘表面平整，没有跳出填料盘面的填料片、也没有塌瘪受损的填料片，填料盘表面看起来无明显色差、无铝屑、毛刺等；

3）分块填料的填料块之间无明显的大间隙且拼块位置相互错开；

4）填料盘周边的壁流片紧贴塔壁；

5）与塔壁焊接的填料部件的焊接完好，没有撕裂和变形；

6）填料盘表面的平整度 C 和相对于水平面的倾斜度 Y（见图4）应符合下列要求（D 为塔体内径）：

当 $D<1000$mm 时，$C\leqslant(2/1000)D$ 且 $C\leqslant1.0$mm，$Y\leqslant(2/1000)D$ 且 $Y\leqslant1.0$mm；

当 $D\geqslant1000$mm 时，$C\leqslant(1/1000)D$ 且 $C\leqslant2.0$mm，$Y\leqslant(1/1000)D$ 且 $Y\leqslant3.0$mm。

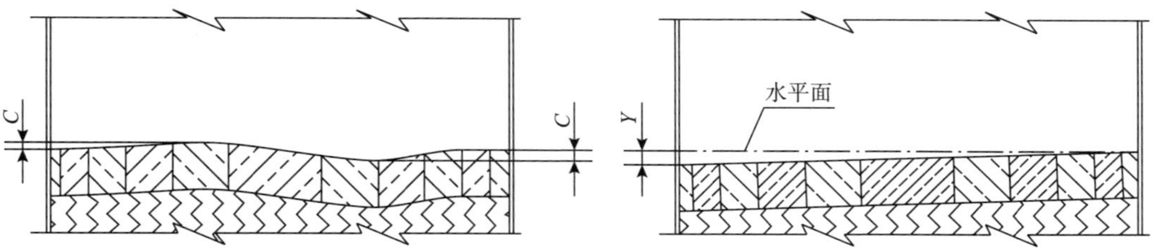

图4　填料盘平整度和倾斜度

c）入塔后检查的液体分布器应满足下列要求：

1）液体分布器表面应清洁无油、规则平整，表面无锈蚀、机械杂质、灰尘等；

2）分布器各小孔通畅，无任何物质堵住小孔的现象；

3）液体分布器的分布槽槽底平整度（见图 5）和水平度（见图 6）应符合下列要求（测量分布器的水平度时，应采用同一高度上的水平面为基准）：

当 $D <$ 1000mm 时，$C \leqslant$ 1.0mm，$Y \leqslant$ 1.5mm；

当 $D \geqslant$ 1000mm 时，$C \leqslant$ D/1000 且 $C \leqslant$ 1.5mm，$Y \leqslant D$/1000 且 $Y \leqslant$ 3.0mm；

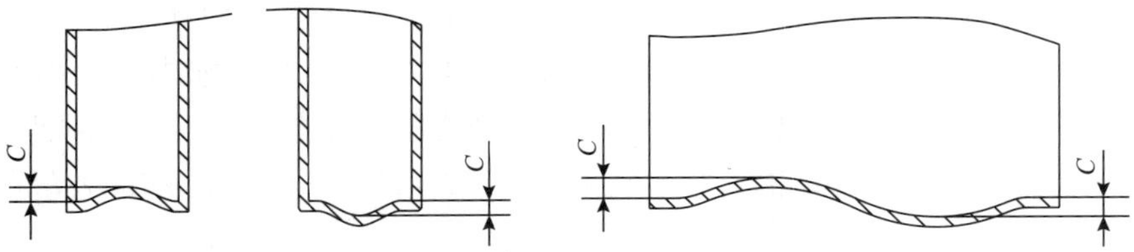

图 5　分布器分布槽底的平整度

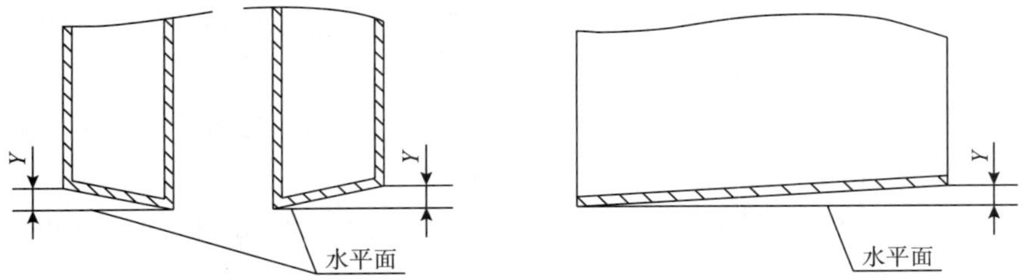

图 6　分布器分布槽底的水平度

4）分布器整体规整，无变形现象发生；

5）分布器整体应水平，水平度≤ D/1000，最大不超过 2.0mm。

d）液体收集器底面应平整，整体稳固，无翘曲变形，各收集板之间的连接应牢固。

e）填料压圈能尽可能无空隙地压紧填料，无压折填料片等损伤填料的情况。

f）支承格栅稳定、牢固，平面度允差为 ±1.0mm。支承栅板的水平度≤ D/1000，最大不超过 4.0mm。

g）其余塔内件的检修要求：

1）对于用多个支承件固定安装的塔内件，与塔内件相接触的支脚平面上，两相邻支脚的水平度均需≤ 1.0mm，任意两支脚的水平度均应＜ 3.0mm，支脚的安装牢固、无变形、焊接无损伤；

2）与塔体焊接的辅助焊接件严格按图样的规定施焊（包括焊接电流、焊角高度等），内件安装时，不应损伤塔内件或造成塔内件变形，保证塔的直线度和垂直度；

3）盛装液体的液体槽，要求安装后水平度≤ D/1000，且最大不超过 3.0mm，支承填料或塔板的支承件的支承面要求安装后水平度≤ D/1000，且最大不超过 3.0mm；

4）整体式塔内件入塔须平稳，确保塔内件及塔体不受损伤，分块式塔内件入塔后用不锈钢螺栓、螺母固定连接，连接后不锈钢螺栓、螺母牢固，无松动。

h）填料塔的塔内件检修后若需更换，焊接的工作量较大，尤其需要注意塔内的空气流通问题；具体更换按照 JB/T 2549—2018《铝制空气分离设备制造技术规范》4.2.2 的要求安装相应的部件。

4.2.2.10 精馏塔检修的其他要求

a）塔内件检修时注意塔内的物料管不得擅自割除或多割塔内接管部分，以免引起开孔补强方面的强度问题，更不能擅自改变物料管的方位，以免物料的传承出现问题。

b）所有的焊接（包括割开的接管复焊）以及焊接后的检验，均须按照设计方案进行，除非图样另有规定，焊缝的无损检测应按 NB/T 47013—2015《承压设备无损检测》的规定进行。

c）塔内的清洁度任意位置均须符合 JB/T 6896—2007《空气分离设备表面清洁度》中 5.1 和 5.2 的规定；塔体外表面应光洁、无油污等，不应存在划痕、点蚀等，并符合 JB/T 6896—2007《空气分离设备表面清洁度》的相关要求。

d）塔检修的过程中，若需移动与运输，则需按照 JB/T 2549—2018《铝制空气分离设备制造技术规范》4.2.7 的要求执行。

e）塔检修的过程中，若需储存，则需按照 JB/T 2549—2018《铝制空气分离设备制造技术规范》4.2.8 的要求执行。

f）塔的停车、改造等过程中对精馏塔的维护，则需按照 JB/T 2549—2018《铝制空气分离设备制造技术规范》4.2.9 的要求执行。

g）精馏塔实施现场内件安装、大的改造，则需按照 JB/T 2549—2018《铝制空气分离设备制造技术规范》4.2 的要求逐条对照执行。

4.2.3 换热器的检修

4.2.3.1 检查换热器外表面，应光洁、无油污等，不应存在划痕、点蚀等，并符合 JB/T 6896—2007《空气分离设备表面清洁度》的相关要求。

4.2.3.2 根据停车前的运行工况及试漏的结果，决定是否检修换热器。

4.2.3.3 翅式换热器检修质量标准按 SHS 10008《切换板翅式换热器维护检修规程》执行。

4.2.4 冷箱内管道检修

4.2.4.1 冷箱内管道的检修内容一般包括：工艺管、仪表管（包括分析取样管）是否变形严重或泄漏，管架是否变形严重或脱落，气封管是否有堵塞等。

4.2.4.2 对不确定是否有泄漏点，或者对泄漏点的具体位置不确定时，宜导入压缩空气，保持约 0.06MPa 的压力，进行全系统气密试验和查漏。通过肉眼观察、听声音等方式，以确定泄漏点。

4.2.4.3 对布置不合理、变形量较大的管道，应重新优化设计，改变管道走向，合理设置管道支吊架，满足柔性设计要求。

4.2.4.4 对局部变形严重，如三通焊缝拉裂、弯头扭曲变形、管道局部凹坑等，应更换新管件或管段。

4.2.4.5 对变形严重或脱落的管道支吊架，应加固处理，或更改支吊架形式或位置。管道支吊架应采用不锈钢材料，根部和支撑部位都应满焊。

4.2.4.6 检查气封管有无断裂，丝网有无损坏。确认气封管内是否有珠光砂，如有珠光砂，必须清理干净。

4.2.4.7 检查法兰连接、螺纹连接等易泄漏部位，如有泄漏，应更换垫片，重新紧固螺栓。

4.2.4.8 冷箱内容器设备管口、管道、管件在安装前均需脱脂，脱脂后表面油脂的残油量不得超过 125mg/m^2，具体要求参照 JB/T 6896—2007《空气分离设备表面清洁度》执行。管道脱脂后宜在 24h 内施工，并采取措施防止二次污染。

4.2.4.9 铝管道的焊接推荐采用嵌入环式不锈钢垫板焊，不锈钢管道的焊接采用内部充氩保护的钨极氩弧焊。对焊管道的内壁错边量不得超过管道壁厚的10%，且不超过2mm。

4.2.4.10 除冷箱气封管外，所有新施工的对接焊缝应 100% 射线检测，符合 NB/T 47013.2—2015《承压设备无损检测 第 2 部分：射线检测》Ⅱ级要求；所有角焊缝应 100% 渗透检测，符合 NB/T 47013.5—2015《承压设备无损检测 第 5 部分：渗透检测》Ⅰ级要求。焊缝内壁不允许存在焊瘤，且余高不大于 2mm。

4.2.4.11 管道在施焊前须无应力组对，禁止强力组对。

4.2.4.12 各管路不应相碰，冷、热管的外壁间距不应小于 200mm；冷管外壁与冷箱壁及分馏塔基础上表面的距离均不应小于 400mm。

4.2.4.13 吹除、排液管线应从管道或容器底部引出，加温、安全阀管线应从管道上部引出，出冷箱之前需做好气封结构，气封高度一般为 5 ～ 10 倍管道外径，且不小于 500mm，以防冷箱外的管道和阀门结霜。

4.2.4.14 对断裂、测量不准的仪表管，应重新敷设布管。仪表管从塔器或管道上的接头引出后，应做好根部保护，再设置补偿弯，然后以 1:10 的坡度向上拉到冷箱壁，沿冷箱做好不少于 1m 的复热段后，再引至根部阀。

4.2.4.15 本规程中未提及的管道检修，参照 GB 50235—2010《工业金属管道工程施工规范》、GB 50236—2011《现场设备、工业管道焊接工程施工规范》等要求进行。

4.2.5 阀门的检修

4.2.5.1 阀体不得有砂眼和裂纹。

4.2.5.2 阀头阀座不得有伤痕、划痕。

4.2.5.3 阀杆不得有变形和弯曲，螺纹不得有损坏，或阻卡现象。

4.2.5.4 阀门安装前气密试验按有关规程进行，重点检查填料和密封面有无渗漏现象存在，合格后方可安装。

4.2.5.5 安全阀在安装前需要校验合格，并铅封。

4.2.6 测量仪表、检测仪表等一次仪表元件检查、校验合格。

4.2.7　空分冷箱仪表、电气系统检查、校正合格。

4.2.8　卸珠光砂作业宜从上到下逐层进行，作业中发现冰块应及时处理。卸珠光砂后对冷箱内设备、管道、支架及冷箱内壁等进行清扫。

5　试验与验收

5.1　试验

5.1.1　试验前准备

5.1.1.1　冷箱内所属设备、管线、阀门、电、仪、气系统全部检修完毕，有完整的检查和检修记录，并具备试验条件。

5.1.1.2　试验前设备管理部门组织检修施工单位和使用单位一起进行中间验收；

5.1.1.3　做好试验中的各项安全措施和试验方案。

5.1.2　整体试压

5.1.2.1　冷箱内检修完毕后应按各压力系统进行压力试验和泄漏试验（包括所有的加温管、排放管和计器管等）。

5.1.2.2　压力试验应用气压法，试验压力应为设计压力的 1.15 倍，应符合 GB/T 20801.5—2006《压力管道规范　工业管道》的第 9.1.4 条要求。

5.1.2.3　泄漏试验应在压力试验后进行，泄漏试验的试验压力为设计压力，应符合 GB/T 20801.5—2006《压力管道规范　工业管道》中的第 9.2 条要求。

5.1.2.4　泄漏试验的泄漏率应按下述公式计算：

$$\Delta = \left(1 - \frac{p_2 T_1}{p_1 T_2}\right) \times 100\%$$

式中 Δ——泄漏率，%；

p_1——起始点压力，MPa；

p_2——终点压力，MPa；

T_1——起始点温度，K；

T_2——终点温度，K。

5.1.2.5　泄漏试验介质应使用清洁、干燥、无油的空气或氮气，检查泄漏使用无脂肥皂水。

5.1.2.6　泄漏试验以发泡剂检查不泄漏，且泄漏率符合设计图纸要求为合格。

5.1.3　吹扫

5.1.3.1　空分冷箱的吹扫一般应先吹冷箱外系统，后吹冷箱内系统，防止脏物带入塔内。

5.1.3.2 吹扫冷箱内系统时，应先吹板翅式换热器（包括其上的计器管），后吹其他设备和管路。

5.1.3.3 吹扫时空气压力：中压系统应保持 0.25 ～ 0.4MPa；低压系统应保持 0.04 ～ 0.05MPa。

5.1.3.4 各系统吹扫时间一般不应少于 8h。吹刷后期检查吹扫情况，应在排气口设置贴有白布或涂刷白色涂料的木质靶板进行检测，冲刷 5min 后靶板上应无铁锈、尘土、水分及其他杂物。

5.1.4 整体裸冷

5.1.4.1 根据检修内容及对检修过程的质量控制，决定空分冷箱是否进行裸冷。

5.1.4.2 整体裸冷前应部分拆除脚手架，避免脚手架对管道造成伤害。

5.1.4.3 整体裸冷前，所有安全阀整定完毕并投入使用，冷箱需进行全面加温和吹除，空压机、膨胀机、空气预冷系统、分子筛纯化系统和仪表控制系统、电气控制系统（包括安全装置）必须作好运转的准备工作。

5.1.4.4 冷箱内管道、设备应均匀冷却，设备、管道之间不应有过大的温差，温降速度控制在 5 ～ 10℃ /h。裸冷过程应依次将精馏塔、冷凝蒸发器等主要设备冷却到尽量低的温度，使冷箱内的所有容器、管道外表面结上白霜，并应保持至少 2h。

5.1.4.5 在冷态下检查各部位的变形和泄漏，并紧固法兰螺栓，根据结霜情况判断泄漏点，做好标记。

5.1.4.6 裸冷后应使空分冷箱恢复常温。

5.1.4.7 整体一般只进行一次。可根据第一次裸冷的检查和处理情况，决定是否再次进行裸冷。

5.1.5 拆除脚手架

5.1.5.1 拆除脚手架时，空分冷箱内各设备、管路均应充气，充气压力应为 0.04 ～ 0.05MPa，并微开各集气管阀门通气，同时使各铂电阻通电，经常观察计器管和电缆有无故障。

5.1.5.2 应遵循由上而下的原则依次进行。不得上、下同时进行拆除作业。

5.1.6 装填绝热材料

5.1.6.1 在脚手架拆除后装填珠光砂。如需装填矿渣棉等绝热材料，应根据施工进度合理安排装填时间。

5.1.6.2 珠光砂应符合表 1 的性能要求。

表 1 珠光砂的性能要求

序号	项目		技术要求	
			CEP 50	CEP 60
1	体积密度 /（kg/m^3）		≤ 50	>50 ～≤ 60
2	振实密度 /（kg/m^3）		≤ 65	≤ 75
3	粒度	1mm 筛孔筛余量 /%	≤ 8	≤ 10
		0.15mm 筛孔通过量 /%		
4	质量含水率 /%		≤ 0.5	
5	安息角 /(°)		≤ 37	
6	导热系数（热面温度 293K，冷面温度 77K 时的平均值 /［W/（m·K）］）		≤ 0.023	≤ 0.025

5.1.6.3 绝热材料内不应混有可燃物。

5.1.6.4 绝热材料不应受潮，并不宜在雨雪天装填。

5.1.6.5 不应损伤计器管和电缆。

5.1.6.6 装填应密实，不应有空穴。

5.1.6.7 应采取必要的安全措施。

5.1.6.8 装填绝热材料时，空分冷箱内各设备、管路均应充气，充气压力应为 0.04 ～ 0.05MPa，并微开各计器管阀门通气，同时使各铂电阻通电，经常观察计器管和电缆有无故障。

5.2 验收

5.2.1 检修质量符合本规程规定。

5.2.2 设备运行正常后，产品产量、质量达到工艺生产要求。

5.2.3 设备达到 SHS 01001《石油化工设备完好标准》的要求。

6 运行维护与故障处理

6.1 日常维护

6.1.1 按操作规程控制各工艺参数在设计范围内运行，并定期记录各主要工艺指标。

6.1.2 定期检查压力表、温度计和流量计等仪表设施，检查设备运行记录，了解掌握空分的运行情况。

6.1.3 定期检查冷箱内珠光砂是否充满，及时补充珠光砂。

6.1.4 定期检查冷箱上人孔、呼吸阀、紧固件等是否良好、完整。

6.1.5 定期检查防腐层。

6.1.6 检测基础温度。

6.1.7 检测珠光砂夹层内气体压力和氧含量。

6.1.8 定期检查冷箱壁结霜及阀门跑冷情况。

6.1.9 定期校验安全附件。

6.1.10 定期检查仪表、电气工作情况。

6.2 常见功能故障与处理方法

空分冷箱常见功能故障与处理方法见表2。

表2 空分冷箱常见功能故障与处理方法

功能	功能故障	功能故障模式	故障后果	故障应对策略与检修内容	检修周期
产出压力、温度、流量、纯度合格的气体、液体产品	纯度下降	1. 精馏效率下降	装置降量或停工	调整工况、停车加温或停工维修	视情而定
		2. 换热器内漏	停工	停工维修	视情而定
		3. 进冷箱空气压力、流量不足	装置降量或停工	调整工况或停工维修	视情而定
		4. 设备冰堵或粉末堵塞	装置降量或停工	整工况、停车加温或停工维修	视情而定
	压力下降	1. 液体泵能力下降	装置降量或停工	切换泵，检修泵	视情而定
		2. 设备冰堵或粉末堵塞	装置降量或停工	整工况、停车加温或停工维修	视情而定
		3. 进冷箱空气压力不足	装置降量或停工	调整工况或停工维修	视情而定
	产量下降	1. 进冷箱空气流量不足	装置降量或停工	调整工况或停工维修	视情而定
		2. 膨胀机制冷量不足	装置降量或停工	调整工况或停工维修	视情而定
		3. 设备冰堵或粉末堵塞	装置降量或停工	整工况、停车加温或停工维修	视情而定
	出冷箱气体温度过低	换热器换热不均	装置降量或停工	调整工况、停车加温或停工维修	视情而定
	冷箱跑冷	1. 绝热材料填充不足	装置降量或停工	补充绝热材料	视情而定
		2. 绝热材料性能下降	装置降量或停工	停工更换	视情而定
		3. 系统泄漏	停工	停工维修	视情而定
	基础冒汗	1. 绝热材料性能下降	装置降量或停工	停工更换	视情而定
		2. 系统泄漏	停工	停工维修	视情而定

附　录　A
（资料性附录）
冷箱检修质量控制确认表

位号	名称	规格	设计条件		操作条件		介质	主体材质	备注
			温度	压力	温度	压力			
	冷箱							铝合金、不锈钢	
序号	主要检修内容		质量标准	控制级别	检查情况	施工单位检查确认人	生产装置检查确认人	设备管理部门检查确认人	
1	对空分冷箱进行彻底的加温吹除		各温度点显示为常温	B					
2	扒除珠光砂等保冷材料		扒除	B					
3	搭设脚手架		按照脚手架规范	B					
4	检查精馏塔塔体垂直度和设备基础		按图纸规范	B					
5	检查冷箱内设备、管道的所有支吊架		按图纸规范	B					
6	对冷箱内的设备、管道进行宏观检查及无损检测抽查，视情修理或更换		按图纸规范	B					
7	对精馏塔、换热器、平衡器等设备进行检查，视情修理或更换		按图纸规范	B					
8	对冷箱钢结构进行检查、修理、内外壁防腐		按图纸规范	B					
9	检查所有阀门，视情修理或更换		按图纸规范	B					
10	对安全附件按照规定进行调校		按安全附件规范	B					

冷箱检修质量控制确认表（续）

<table>
<tr><td rowspan="2">位号</td><td rowspan="2">名称</td><td rowspan="2">规格</td><td colspan="2">设计条件</td><td colspan="2">操作条件</td><td rowspan="2">介质</td><td rowspan="2">主体材质</td><td rowspan="2">备注</td></tr>
<tr><td>温度</td><td>压力</td><td>温度</td><td>压力</td></tr>
<tr><td></td><td>冷箱</td><td></td><td></td><td></td><td></td><td></td><td></td><td>铝合金、不锈钢</td><td></td></tr>
<tr><td>序号</td><td colspan="2">主要检修内容</td><td>质量标准</td><td>控制级别</td><td>检查情况</td><td>施工单位检查确认人</td><td>生产装置检查确认人</td><td>设备管理部门检查确认人</td><td></td></tr>
<tr><td>11</td><td colspan="2">对测量仪表、检测仪表等一次仪表元件进行检查、校验</td><td>按仪表规范</td><td>B</td><td></td><td></td><td></td><td></td><td></td></tr>
<tr><td>12</td><td colspan="2">对空分冷箱仪表、电气系统进行检查、修理、校正</td><td>按仪表规范</td><td>B</td><td></td><td></td><td></td><td></td><td></td></tr>
<tr><td>13</td><td colspan="2">整体试压</td><td>按图纸规范</td><td>A</td><td></td><td></td><td></td><td></td><td></td></tr>
<tr><td>14</td><td colspan="2">裸冷</td><td>按厂家规范</td><td>A</td><td></td><td></td><td></td><td></td><td></td></tr>
<tr><td>15</td><td colspan="2">脚手架拆除</td><td>拆除干净</td><td>B</td><td></td><td></td><td></td><td></td><td></td></tr>
<tr><td>16</td><td colspan="2">装填珠光砂</td><td>按要求填满</td><td>B</td><td></td><td></td><td></td><td></td><td></td></tr>
</table>

控制级别说明： A：施工单位、生产装置、设备管理部门专业技术人员检查确认后签字。
B：施工单位和生产装置专业技术人员检查确认后签字。
C：施工单位专业技术人员检查确认后签字。
另：如果有监理，监理的职责由甲方授权。

附 录 B
（资料性附录）
冷箱试验与验收数据记录表

<table>
<tr><td>试验类型</td><td colspan="4">□气压 □气密</td><td>设备名称</td><td colspan="2"></td></tr>
<tr><td>设计压力</td><td colspan="2"></td><td colspan="2"></td><td>设备位号</td><td colspan="2"></td></tr>
<tr><td>设计温度</td><td colspan="2"></td><td colspan="2">MPa</td><td>操作介质</td><td colspan="2"></td></tr>
<tr><td>压力表
精度等级</td><td colspan="2"></td><td colspan="2"></td><td>压力表
量程</td><td colspan="2">MPa</td></tr>
<tr><td>压力表
检定日期</td><td colspan="2"></td><td colspan="2"></td><td>压力表
表盘直径</td><td colspan="2">mm</td></tr>
<tr><td>环境温度</td><td colspan="2"></td><td colspan="2">℃</td><td>试验介质
温度</td><td colspan="2">℃</td></tr>
<tr><td rowspan="3">耐压试验</td><td>试验部位</td><td colspan="2"></td><td></td><td>试验介质</td><td colspan="2"></td></tr>
<tr><td>试验压力</td><td colspan="2"></td><td>MPa</td><td>保压时间</td><td colspan="2">min</td></tr>
<tr><td>试验结论</td><td colspan="2">□</td><td colspan="2">□有渗漏
□有可见异常变形
□有异常响声
□不合格</td><td colspan="2">□无渗漏
□无可见异常变形
□无异常响声
□合格</td></tr>
<tr><td rowspan="3">气密试验</td><td>试验部位</td><td colspan="2"></td><td colspan="2"></td><td>试验介质</td><td></td></tr>
<tr><td>试验压力</td><td colspan="2"></td><td colspan="2">MPa</td><td>保压时间</td><td>min</td></tr>
<tr><td>试验结论</td><td colspan="2">□</td><td colspan="2">□有渗漏
□有可见异常变形
□有异常响声
□不合格</td><td colspan="2">□无渗漏
□无可见异常变形
□无异常响声
□合格</td></tr>
<tr><td>裸冷查漏</td><td colspan="7"></td></tr>
<tr><td colspan="2">设备管理部门</td><td colspan="2">监理单位</td><td colspan="2">生产装置</td><td colspan="2">施工单位</td></tr>
<tr><td colspan="2">专业工程师：

日期： 年 月 日</td><td colspan="2">专业工程师：

日期： 年 月 日</td><td colspan="2">专业工程师：

日期： 年 月 日</td><td colspan="2">专业工程师：
质量检查员：
施工班组长：
日期： 年 月 日</td></tr>
</table>

6. 干燥器维护检修规程

SHS 10010—2019

代替 SHS 10010—2004

目　次

前　　言

本规程按照GB/T 1.1—2009《标准化工作导则 第1部分：标准的结构和编写》给出的规则修订。

本规程代替SHS 10010—2004《干燥器维护检修规程》。与SHS 10010—2004相比，除了编辑性修改外，主要技术内容变化如下：

——原检修周期和内容章节中，根据现有设备的特点，增加设备介绍、结构型式和简图；

——按目前的标准，修改了常用干燥剂的规格和性能；

——增加了常见功能故障与处理的内容。

本规程由中国石油化工集团有限公司、中国石油化工股份有限公司提出。

本规程起草单位：杭州杭氧股份有限公司。

本规程主要起草人：夏红丽、林秀娜。

本规程历次版本发布情况：

——SHS 10010—1992，SHS 10010—2004。

干燥器维护检修规程

1 范围

1.1 主题内容

本规程规定了干燥器的检修周期与内容、检修程序与质量标准、试验与验收、运行维护与故障处理。

1.2 适用范围

本规程适用于硅胶、活性氧化铝、分子筛干燥器的维护与检修。

2 规范性引用文件

下列文件中的条款通过本规程的引用而成为本规程的条款。凡是注日期的引用文件，其随后所有的修改单（不包括勘误的内容）或修订版均不适用于本标准，然而，鼓励根据本标准达成协议的各方研究是否可使用这些文件的最新版本。凡是不注日期的引用文件，其最新版本适用于本规程。

TSG 21　固定式压力容器安全技术监察规程

TSG 08　特种设备使用管理规则

GB/T 150.1～150.4　压力容器

3 检修周期与内容

3.1 设备简介

干燥器由上、下封头及筒体、接管、人孔、支腿等组成，筒体上部人孔用于装填吸附剂，筒体下部卸料孔用于卸料。干燥器外铺设绝热层。干燥器常见结构如图1所示。

干燥器作用：被压缩的空气自下而上通过干燥器时，空气中所含有的水分等杂质相继被吸附清除，干燥后的空气投入使用。干燥器一般成对切换交替使用，当一台进行工作时，另一台进行再生。

3.2 检修周期

根据干燥器运行状况及换剂时间要求，结合 TSG 21—2016《固定式压力容器安全

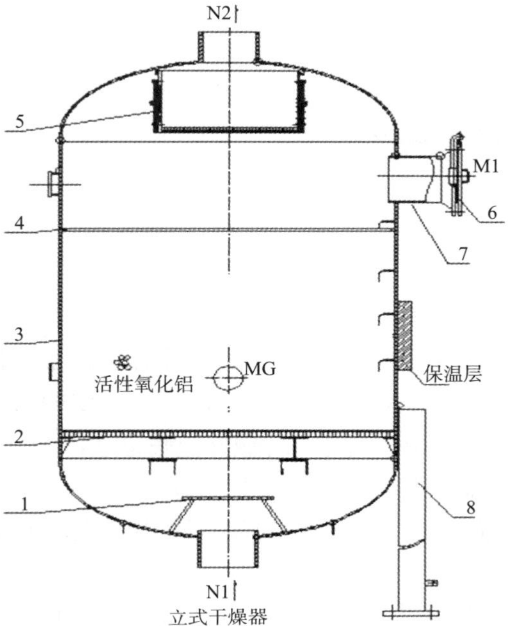

图 1　干燥器结构简图

1—缓冲板；2—活性氧化铝支撑栅架；3—外壳；4—床层标记线；5—内置式过滤器；6—人孔；7—接管；8—支腿

技术监察规程》规定，确定检验周期，一般为 3 ～ 9 年。

3.3　检修内容

3.3.1　压力容器月检查、年度检查、定期检验时确定修理的项目。

3.3.2　拆卸绝热层，拆除进出口管线阀门，安装盲板。

3.3.3　检查、修理设备本体法兰及连接件密封面，更换垫片。

3.3.4　检查筒体垂直度，调整地脚螺栓和垫板。

3.3.5　拆卸加料孔、卸料孔盖等。检查干燥器内壁、内构件的完好情况，必要时进行更换。

3.3.6　检查干燥吸附剂破损情况，筛选或补充干燥吸附剂；必要时，更换干燥吸附剂。

3.3.7　检查上、下部过滤网堵塞、锈蚀情况，并进行清扫及修复。

3.3.8　检查吸附剂支撑栅架是否有吸附剂泄漏情况；修整吸附剂支撑栅架，紧固栅板支架，调整栅板水平度；检查丝网、丝网接缝缝隙大小，防止漏料。

3.3.9　检查自动换向阀、阀件，视情况对其进行检修或更换。

3.3.10　检查或更换部分螺栓、螺母。

3.3.11　检查、修理支腿和基础。

3.3.12　检查、修理、校验安全、仪表附件。

3.3.13 检查接地完好情况。
3.3.14 试压、气密。
3.3.15 拆除盲板，管线、阀门安装。
3.3.16 绝热层、防腐层修理或更换。

4 检修程序与质量标准

4.1 检修前准备

4.1.1 掌握设备运行状况，编制、审批、下达检修计划，备齐检修所需的图纸、技术资料和相关检修记录，制定检修方案（含焊接方案）或检修作业指导书，产权单位、检修单位按规定进行检修作业的双向交底，并做好交底记录。
4.1.2 按要求备齐检修所需工器具、吊具、量具等。
4.1.3 备齐检修所需备品、配件、材料和劳动保护用品等。检查核实备品、配件、材料的规格尺寸和材质是否满足技术要求。
4.1.4 从事压力容器检修的单位、人员必须符合 TSG 21《固定式压力容器安全技术监察规程》的有关规定。
4.1.5 从事干燥器检修的所有人员必须身体健康，经过三级安全教育合格。
4.1.6 检修前条件确认
4.1.6.1 干燥器内部和设备接管（指设备与第一道阀门之间的管道）内介质吹扫、置换合格，检查确认干燥器与其他设备相通的工艺管线是否隔断或用盲板隔离。
4.1.6.2 检查确认是否按规定办理了各类作业票证。特别注意：动火、防中毒、防窒息分析的取样要具有代表性。人员进入干燥器内部检修前，干燥器必须进行空气置换，及至内部氧气含量在 19.5% ~ 23% 范围内，防止发生内部氮气窒息事故；进入人员需佩戴测氧仪，同时应配备通风等相应安全防护措施。
4.1.6.3 检查确认干燥器内部检修、照明用电符合标准规范。
4.1.7 严格按操作规程进行降温、降压（尽量安排在再生阶段中的降压阶段停车），温度降低至适合检修的常温。

4.2 检修质量标准

4.2.1 干燥器月检查、年度检查、定期检验应符合 TSG 21—2016《固定式压力容器安全技术监察规程》的要求。
4.2.2 干燥吸附剂在装入前应进行性能检查（或有可靠的测试报告），符合图样规定（表 1 为参考值，具体以设计值为准）；

表 1 常用干燥吸附剂的规格与性能

类型	粒度 / mm	堆密度 / (kg/m³)	静态吸附容量（质量分数）	干燥前水分含量 / (g水/kg干空气)	干燥后空气露点 / ℃（常压）	再生温度 / ℃
活性氧化铝	ϕ4 ~ 6	700	≥ 17%（注 1）	≤ 0.025	≤ -40	120 ~ 160
分子筛	ϕ2 ~ 4	680	≥ 21%（注 2）	≤ 0.025	≤ -70	150 ~ 170

注 1： 在 60% 湿度下测试，见 HG/T 3927 工业活性氧化铝标准。

注 2： 按 GB/T 6287 分子筛静态水吸附测定方法。

4.2.3 过滤网洁净、无堵塞；如有更换过滤网，其过滤精度、规格和材质应符合设计要求。

4.2.4 支撑栅架网孔畅通，其水平安装偏差≤ 2‰ D（D 为筒体公称直径）且＜ 4mm，栅板支撑牢固平整、无松动。

4.2.5 筒体垂直度允差 $\Delta H \leqslant H/1000$（$H$ 为筒体高度）。

4.2.6 安全附件校验、修理应符合设计文件或标准要求；测量仪表显示控制系统应灵敏、指示准确，调校、修理应符合设计文件或标准要求。

4.2.7 接地线良好，对地电阻应符合设计要求。

4.2.8 干燥剂填装后平整后的床面高低偏差≤ 10mm。

4.2.9 阀门、法兰密封面应完好，无划痕、凹坑等。采用直接研磨或焊接后铲平研磨、高分子涂层等修理方法的，研磨后密封面的粗糙度不低于 R_a0.8。

4.2.10 干燥器的绝热层维护检修质量标准按 SHS 01033《设备及管道绝热维护检修规程》执行。

4.2.11 干燥器的防腐涂层维护检修质量标准按 SHS 01034《设备及管道涂层维护检修规程》执行。

4.2.12 干燥器的壳体及受压元件检修质量标准按 SHS 01004《压力容器维护检修规程》执行。

5 试验与验收

5.1 试验前的准备

5.1.1 备齐试验所需的试压机具、工装、材料、测量仪表等物料。

5.1.2 检查确认各项检修项目已完成，检修记录齐全，检修质量符合本规程 4.2 条检修质量标准的规定。

5.1.3 检查确认设备内部洁净、无杂物，封闭人孔、进料孔。

5.1.4 拆盲板，连接好阀门、管道。

5.1.5 检查确认设备零部件完整无缺；安全附件校验合格，齐全完整；仪表附件齐全、准确、灵敏、可靠；螺栓紧固。

5.1.6 工艺处理完毕，各专业人员共检完毕，具备试验条件。

5.2 试验

5.2.1 按设计文件或标准进行耐压试验合格（如有必要）。

注意：受压元件采用焊接方法进行修理的，填装分子筛前进行耐压试验。推荐采用气压试验。

5.2.2 按设计文件或标准进行气密性试验合格。

5.2.3 对切换系统进行试验，应符合设计要求。

5.3 验收

5.3.1 干燥器检修完毕后，应组织检查验收，确认检修项目完成并质量合格。

5.3.2 干燥器检修资料齐全，至少包括：

5.3.2.1 干燥器定期检验报告；

5.3.2.2 更换零部件、干燥吸附剂的质量证明书、有关复验报告；

5.3.2.3 干燥器检修质量控制确认表；

5.3.2.4 干燥器试验与验收数据记录表；

5.3.2.5 安全附件校验、定压记录；

5.3.2.6 封闭记录；

5.3.2.7 检修竣工验收单；

5.3.3 按操作规程对干燥器缓慢升压后投入使用，符合工艺指标，运行24h后，设备本体及各部件、附件无异常情况，密封点无泄漏，办理竣工验收手续。

6 运行维护与故障处理

6.1 日常维护

6.1.1 严格执行工艺操作规程和岗位操作规程，严禁超温、超压和超负荷运行。

6.1.2 干燥器按工艺要求定时切换、再生。

6.1.3 定期检查、记录一次安全附件、测量仪表等完好情况。

6.1.4 定期排查密封点泄漏情况，视情处理。

6.1.5 按时检查调压阀上的信号压力是否在规定范围。

6.1.6 按时检查微电脑程控器上的指示灯是否正常。

6.1.7 按时检查电磁阀、气动阀门的动作是否正常。

6.1.8 定期检查筒体下部排出阀有无吸附剂。

6.2 常见功能故障与处理方法

干燥器常见功能故障与处理方法见表2。

表2 干燥器常见功能故障与处理方法

序号	功能故障	功能故障模式		故障后果	故障应对策略与检修内容	检修周期/月
1	吸附清除空气中水分等杂质	干燥器阻力高	空气带游离水，导致阻力增大	装置降量或停工	停工检查去水，活化	视情而定
2			吸附剂粉末堵塞过滤网	装置停工	停工清理过滤网	视情而定
3			吸附剂粉化严重或失效	装置降量或停工	停工换剂	视情而定
4			仪表失灵	装置降量或停工	停工或在线更换仪表	视情而定
5		内部温度超过设计温度，或处理量不满足设计要求导致产品不合格	干燥器吸附时进气温度高	装置降量或停工	检查前段设备	视情而定
6			干燥器吸附时出口气体温度高	装置降量或停工	检查原料气带水	视情而定
7			干燥器再生温度不符合要求	装置降量或停工	停工检查加热器	视情而定
8			温度计失灵	装置降量或停工	检查温度计或更换	视情而定
9			切换阀门故障	装置降量或停工	检查阀门或更换	视情而定
10		干燥器的密闭通道泄漏	受压元件开裂泄漏	装置降量或停工	带压堵漏或停工检修	视情而定
11			进口法兰或阀门外漏	装置降量或停工	带压堵漏或停工检修	视情而定
12			人孔法兰	装置降量或停工	带压堵漏或停工检修	视情而定
13			卸料出口法兰	装置降量或停工	带压堵漏或停工检修	视情而定
14		产品露点不合格	吸附剂泄漏，床层下降	装置停工	停工维修，加剂	视情而定
15			床层不平整	装置停工	停工修整床层	视情而定

附　录　A
（资料性附录）
干燥器检修质量控制确认表

位号	名称	规格	设计条件		操作条件		介质	主体材质
			温度	压力	温度	压力		

序号	主要检修内容	质量标准	控制级别	检查情况	施工单位检查确认人	生产装置检查确认人	设备管理部门检查确认人	日期
1								

控制级别说明： A：施工单位、生产装置、设备管理部门专业技术人员检查确认后签字。

B：施工单位和生产装置专业技术人员检查确认后签字。

C：施工单位专业技术人员检查确认后签字。

另：如果有监理，监理的职责由甲方授权。

附 录 B
（资料性附录）
干燥器试验与验收数据记录表

<table>
<tr><td>试验类型</td><td colspan="3">□气压 □气密</td><td>设备名称</td><td></td></tr>
<tr><td>设计压力</td><td colspan="2"></td><td></td><td>设备位号</td><td></td></tr>
<tr><td>设计温度</td><td colspan="2"></td><td>MPa</td><td>操作介质</td><td></td></tr>
<tr><td>压力表
精度等级</td><td colspan="2"></td><td></td><td>压力表
量程</td><td>MPa</td></tr>
<tr><td>压力表
检定日期</td><td colspan="2"></td><td></td><td>压力表
表盘直径</td><td>mm</td></tr>
<tr><td>环境温度</td><td colspan="2"></td><td>℃</td><td>试验介质
温度</td><td>℃</td></tr>
<tr><td rowspan="3">耐压试验</td><td>试验部位</td><td></td><td></td><td>试验介质</td><td></td></tr>
<tr><td>试验压力</td><td></td><td>MPa</td><td>保压时间</td><td>min</td></tr>
<tr><td>试验结论</td><td>□</td><td colspan="3">□有渗漏 □无渗漏
□有可见异常变形 □无可见异常变形
□有异常响声 □无异常响声
□不合格 □合格</td></tr>
<tr><td rowspan="3">气密试验</td><td>试验部位</td><td></td><td></td><td>试验介质</td><td></td></tr>
<tr><td>试验压力</td><td></td><td>MPa</td><td>保压时间</td><td>min</td></tr>
<tr><td>试验结论</td><td>□</td><td colspan="3">□有渗漏 □无渗漏
□有可见异常变形 □无可见异常变形
□有异常响声 □无异常响声
□不合格 □合格</td></tr>
<tr><td>补充试验</td><td colspan="5"></td></tr>
<tr><td colspan="2">设备管理部门</td><td>监理单位</td><td colspan="2">生产装置</td><td>施工单位</td></tr>
<tr><td colspan="2">专业工程师：

日期： 年 月 日</td><td>专业工程师：

日期： 年 月 日</td><td colspan="2">专业工程师：

日期： 年 月 日</td><td>专业工程师：
质量检查员：
施工班组长：
日期： 年 月 日</td></tr>
</table>

7. 电加热器维护检修规程

SHS 10011—2019

代替 SHS 10011—2004

目　次

前　言

本规程按照GB/T 1.1—2009《标准化工作导则　第1部分：标准的结构和编写》给出的规则起草。

本规程代替SHS 10011—2004《电加热器维护检修规程》，与SHS 10011—2004相比，除了编辑性修改外，主要技术内容变化如下：

——增加规范性引用文件；

——常见故障处理章节，增加了漏电、跳闸处理相关内容。

本规程由中国石油化工集团有限公司、中国石油化工股份有限公司提出。

本规程起草单位：杭州杭氧股份有限公司。

本规程主要起草人：林秀娜、张振友。

本规程历次版本发布情况：

——SHS 10011—1992，SHS 10011—2004。

电加热器维护检修规程

1　范围

1.1　主题内容

本规程规定了电加热器的检修周期与内容、检修程序与质量标准、试验与验收、运行维护与故障处理。

1.2　适用范围

本规程适用于空气分离装置电加热器的维护与检修。

2　规范性引用文件

下列文件中的条款通过本规程的引用而成为本规程的条款。凡是注日期的引用文件，其随后所有的修改单（不包括勘误的内容）或修订版均不适用于本标准，然而，鼓励根据本标准达成协议的各方研究是否可使用这些文件的最新版本。凡是不注日期的引用文件，其最新版本适用于本规程。

TSG 08　特种设备使用管理规则

TSG 21　固定式压力容器安全技术监察规程

GB/T 150　压力容器

GB 5959.1　电热装置的安全　第 1 部分：通用要求

GB 5959.4　电热装置的安全　第 4 部分：电阻电热装置的安全

GB/T 10066.1　电热设备的试验方法　第 1 部分：通用部分

GB/T 10067.1　电热装置基本技术条件　第 1 部分：通用部分

NB/T 47015　压力容器焊接规程

NB/T 47013　承压设备无损检测

JB/T 2379　金属管状电热元件

3　检修周期和内容

3.1　设备简介

电加热器由封头、筒体、电热元件、法兰、管板、接管、排污孔、支座（鞍座）接线箱等组成。筒体外铺设绝热层。

电加热元件按调换形式分：单支调换、若干支组合成小单元可换、整体管板电热元件调换。常见结构见图 1、图 2。

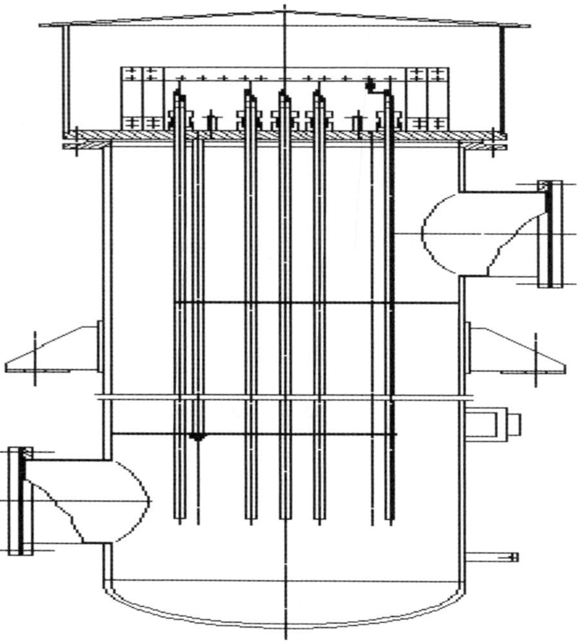

图1 电加热元件（一）

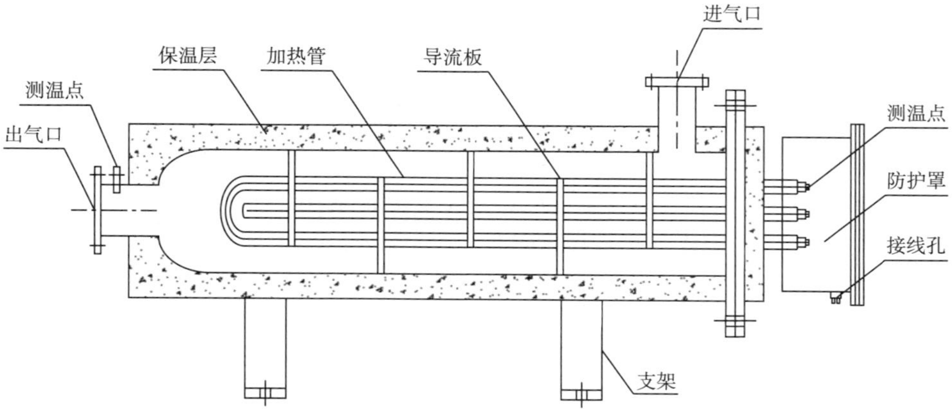

图2 电加热元件（二）

电加热器作用：被加热的气体流经电加热器时，使其温度上升到设定的温度。

3.2 检修周期

根据电加热器运行状况和故障分析，结合 TSG 21《固定式压力容器安全技术监察规程》规定和装置长周期运行要求，统筹考虑，确定检修周期。一般为 3 ～ 6 年。

3.3 检修内容

3.3.1 压力容器月检查、年度检查、定期检验时确定修理的项目。
3.3.2 拆卸绝热层，拆除进出口管线、阀门，安装盲板。
3.3.3 检查、修理设备本体法兰、连接件和接线箱罩盖密封面，更换垫片。
3.3.4 检查电加热器本体、开孔接管焊缝有无缺陷（裂纹、过热、变形、泄漏等）以及壳体内壁腐蚀、裂纹、变形情况，视情修理或更换。
3.3.5 检查、修理支承底座（支座、鞍座等）和基础。检查设备基础下沉、倾斜或裂纹，基础螺栓和螺母松动、裂纹、腐蚀等。
3.3.6 检查简体垂直度，调整地脚螺栓和垫板。
3.3.7 检查绝热垫块、绝缘器件等附件，有无老化损坏现象。紧固各连接螺栓。
3.3.8 检查电热元件的各相间电流，如有必要，进行抽芯检查，更换电热元件。
3.3.9 检查、维修控制电路的开关、接触器、调功器等。
3.3.10 检查接线箱内连接铜排的腐蚀情况以及连接电线的老化情况，视情更换。检查电加热器的电源进线处和内部接线螺栓是否松动，予以紧固。
3.3.11 检查电加热器接线各组的工作电流。
3.3.12 检修或更换电加热器的第一道阀门。
3.3.13 检查或更换部分螺栓、螺母。
3.3.14 检查、修理、调校测温仪表、联锁仪表、压力表等附件（与设备相连接的管道上）。
3.3.15 检查接地完好情况。
3.3.16 试压、气密。
3.3.17 拆除盲板，管线、阀门安装。
3.3.18 绝热层、防腐层修理或更换。

4 检修程序与质量标准

4.1 检修前准备

4.1.1 掌握电加热器运行状况，编制、审批、下达检修计划，备齐检修所需的图纸、技术资料和相关检修记录，制定检修方案（含焊接方案）或检修作业指导书，产权单位、检修单位按规定进行检修作业的双向交底，并做好交底记录。
4.1.2 按要求备齐检修所需工器具、吊具、量具、电器测量工具，加热器电热元件存放架等。
4.1.3 备齐检修所需备品、配件、材料和劳动保护用品，包括密封件、紧固件、安全附件、绝热材料、焊材、电热元件、电线等。并检查核实备品、配件、材料的规格尺寸和材质是否满足技术要求。

4.1.4 从事压力容器检修的单位、人员必须符合 TSG 21《固定式压力容器安全技术监察规程》的有关规定。注意设备内件安装工作人员的培训，安装人员必须熟读相应安装指导手册，特别要注意“安全”“注意事项”和“安装”章节。检修时必须切断电源、切断气源，严格防范氮气窒息、触电、烫伤等事故。

4.1.5 从事电加热器检修的所有人员必须身体健康，经过三级安全教育合格。

4.1.6 检修条件确认：

4.1.6.1 电加热器内部和设备接管（指设备与第一道阀门之间的管道）内介质吹扫、置换合格，检查确认电加热器与其他设备相通的工艺管线是否隔断或用盲板隔离，并设置安全警示标志；

4.1.6.2 检查确认是否按规定办理了各类作业票证。特别注意：动火、防中毒、防窒息分析的取样要具有代表性，必要时，取样人员穿戴长管空气呼吸器进入电加热器内部取样分析，确保电加热器内含氧量介于 19.5% ～ 23%，严防人员进入电加热器内污氮气窒息事故；

4.1.6.3 检查确认电加热器内部检修、照明用电符合标准规范；

4.1.6.4 确认电加热器与安装场地平整清洁，临时支架牢固，具有防风、防尘和防雨设施。

4.2 检修质量标准

4.2.1 加热器月检查、年度检查、定期检验应符合 TSG 21《固定式压力容器安全技术监察规程》的要求。

4.2.2 阀门、法兰密封面应完好，无划痕、凹坑等。采用直接研磨或焊接后铲平研磨、高分子涂层等修理方法的，研磨后密封面的粗糙度不低于 $R_a0.8$。

4.2.3 法兰、螺栓有松动、脱落，必须紧固，电加热器的电源进线处和内部接线螺栓必须紧固。

4.2.4 搭接焊缝不允许开裂：不允许有脱落、变形的零件。

4.2.5 立式加热器筒体垂直度允差 $\Delta H \leqslant H/1000$（$H$ 为筒体高度）。

4.2.6 电加热器额定电压、电热元件的额定功率符合设计图样要求，每组电加热元件功率 A、B、C 相间电流偏差不能超过最大允许值的 2.5%。如有损坏的电热元件，进行更换（可换单支或者更换小单元）。

特别注意事项：新的电热元件，在安装前必须保存在干燥区域。电热管接线端陶瓷部分容易进水，要密闭包装。

4.2.7 电加热元件接线按照设计图样复原，不得接错，壳体与电热元件间的绝缘电阻要求≥ 1MΩ 。

4.2.8 接地线良好，接线箱外壳、电加热器外壳无漏电现象。对地电阻应符合设计要求。

4.2.9 安全附件校验、修理应符合设计文件或标准要求；测量仪表显示控制系统应灵敏、指示准确，调校、修理应符合设计文件或标准要求。

4.2.10 电加热器的壳体及受压元件检修质量标准按SHS 01004《压力容器维护检修规程》执行。

4.2.11 电加热器的绝热层维护检修质量标准按SHS 01033《设备及管道绝热维护检修规程》执行。

4.2.12 电加热器的防腐涂层维护检修质量标准按SHS 01034《设备及管道涂层维护检修规程》执行。

5 试验与验收

5.1 试验前的准备

5.1.1 备齐试验所需的试压机具、工装、材料、电压表、温度记录仪（量程、精度与刻度应与试验要求匹配），电源、气源等。

5.1.2 检查确认各项检修项目已完成，检修记录齐全，检修质量符合本规程4.2条检修质量标准的规定。

5.1.3 检查确认设备内部洁净、无杂物，封好管板、排污孔。

5.1.4 拆盲板，连接好阀门、管道。

5.1.5 检查确认设备零部件完整无缺；安全附件校验合格，齐全完整；仪表附件齐全、准确、灵敏、可靠。螺栓紧固。

5.1.6 工艺处理完毕，各专业人员共检完毕，具备试验条件。

5.2 试验

5.2.1 受压元件采用焊接方法进行修理的，安装电加热元件前按TSG 21《固定式压力容器安全技术监察规程》进行耐压试验合格。推荐采用气压试验。

5.2.2 按设计文件或标准进行气密性试验合格。

5.2.3 由于电加热器的特殊性，气密性试验和气压试验可以合并进行。

5.3 验收

5.3.1 电加热器检修完毕后，应组织检查验收，确认检修项目完成并质量合格。

5.3.2 电加热器检修资料齐全，至少包括：

5.3.2.1 电加热器定期检验报告；

5.3.2.2 更换零部件的质量证明书、有关复检报告；

5.3.2.3 电加热器检修质量控制确认表；

5.3.2.4 电加热器试验与验收数据记录表；

5.3.2.5 安全、仪表附件校验记录；

5.3.2.6 封闭记录；

5.3.2.7 检修竣工验收单。

5.3.3 按操作规程对电加热器先通气，后通电要求投入使用，符合工艺指标，运行24小时后，设备本体及各部件、附件无异常情况，密封点无泄漏，办理竣工验收手续。

6 维护与故障处理

6.1 日常维护

6.1.1 按TSG 21《固定式压力容器安全技术监察规程》的要求对电加热器进行月检查、年度检查。

6.1.2 认真检查设备运行参数，严禁超温、超压和超负荷运行。

6.1.3 定期排查密封点泄漏情况，视情处理。

6.1.4 定期检查设备基础下沉、倾斜或裂纹，基础螺栓和螺母松动、裂纹、腐蚀等。

6.1.5 定期检查安全附件、测量仪表等完好情况。

6.1.6 定期检查底部排污口是否有损坏的电热元件的粉尘、铁屑排出，如有，检查电热元件的使用情况。

6.1.7 检查接地线是否完好。

6.1.8 检查绝热层和防腐层完好情况。

6.1.9 检查电加热器内部振动和噪声。

6.1.10 按规定定期测量绝缘电阻，检查接线箱外壳、电加热器外壳有无漏电现象。

6.1.11 定期检查电加热器每组电热元件的相间电流是否偏差，功率是否符合图样规定。

6.1.12 有备用电加热器的，隔段时间应切换使用备用电加热器，防止电加热器接线端长期不使用受潮。

6.2 常见功能故障与处理

电加热器常见功能故障与处理方法见表1。

表1 电加热器常见功能故障与处理方法

序号	功能	功能故障	功能故障模式	故障后果	故障应对策略与检修内容	检修周期
1	将再生气体加热到设定温度	出口温度达不到设计值	电加热元件损坏	装置降量或停工	停工更换电热元件	视情而定
2			电压过低	装置降量或停工	调整电源电压	视情而定
3			流量过大	装置降量或停工	调节设定值	视情而定
4			流量计故障	装置降量或停工	停工更换	视情而定
5			测温仪表故障	装置降量或停工	停工更换	视情而定
6			调功器等控制故障	装置降量或停工	停工维修	视情而定

表 1　电加热器常见功能故障与处理方法（续）

序号	功能	功能故障	功能故障模式	故障后果	故障应对策略与检修内容	检修周期
7	将再生气体加热到设定温度	加热气体泄漏	设备、接管法兰泄漏	装置降量	带压密封或停工维修	视情而定
8			接管焊缝泄漏	装置降量	带压密封或停工维修	视情而定
9			热电偶套管穿孔、断裂或密封失效外漏	装置降量或停工	带压密封或停工维修	视情而定
10		漏电或跳闸	接地不良	装置停工	重新接地	视情而定
11			设备跳闸	装置停工	正确接线	视情而定
12			绝缘不良或损坏	装置停工	绝缘处理	视情而定
13		加热器无法起动	温度接点、开关接触不良	装置停工	增设开关	视情而定
14			控制电路的有关元器件出现故障	装置停工	检查、更换出故障的有关元器件	视情而定
15			流量未达到最小联锁启动值	装置停工	开启阀门，调整流量	视情而定

附 录 A
（资料性附录）
电加热器检修质量控制确认表

<table>
<tr><td rowspan="2">位号</td><td rowspan="2">名称</td><td rowspan="2">规格</td><td colspan="2">设计条件</td><td colspan="2">操作条件</td><td rowspan="2">介质</td><td rowspan="2">主体材质</td><td rowspan="2">备注</td></tr>
<tr><td>温度</td><td>压力</td><td>温度</td><td>压力</td></tr>
<tr><td></td><td></td><td></td><td></td><td></td><td></td><td></td><td></td><td></td><td></td></tr>
<tr><td>序号</td><td colspan="2">主要检修内容</td><td>质量标准</td><td>控制级别</td><td>检查情况</td><td>施工单位检查确认人</td><td>生产装置检查确认人</td><td>设备管理部门检查确认人</td><td>日期</td></tr>
<tr><td>1</td><td colspan="2"></td><td></td><td></td><td></td><td></td><td></td><td></td><td></td></tr>
<tr><td></td><td colspan="2"></td><td></td><td></td><td></td><td></td><td></td><td></td><td></td></tr>
<tr><td></td><td colspan="2"></td><td></td><td></td><td></td><td></td><td></td><td></td><td></td></tr>
<tr><td></td><td colspan="2"></td><td></td><td></td><td></td><td></td><td></td><td></td><td></td></tr>
</table>

控制级别说明： A：施工单位、生产装置、设备管理部门专业技术人员检查确认后签字。

B：施工单位和生产装置专业技术人员检查确认后签字。

C：施工单位专业技术人员检查确认后签字。

另：如果有监理，监理的职责由甲方授权。

附　录　B
（资料性附录）
电加热器试验与验收数据记录表

<table>
<tr><td>试验类型</td><td colspan="2"></td><td colspan="2">□水压　□气压
□气密</td><td>设备名称</td><td colspan="2"></td></tr>
<tr><td>设计压力</td><td colspan="2"></td><td colspan="2"></td><td>设备位号</td><td colspan="2"></td></tr>
<tr><td>设计温度</td><td colspan="2"></td><td colspan="2">MPa</td><td>操作介质</td><td colspan="2"></td></tr>
<tr><td>压力表
精度等级</td><td colspan="2"></td><td colspan="2"></td><td>压力表
量程</td><td colspan="2">MPa</td></tr>
<tr><td>压力表
检定日期</td><td colspan="2"></td><td colspan="2"></td><td>压力表
表盘直径</td><td colspan="2">mm</td></tr>
<tr><td>环境温度</td><td colspan="2"></td><td colspan="2">℃</td><td>试验介质
温度</td><td colspan="2">℃</td></tr>
<tr><td colspan="2"></td><td colspan="2">奥氏体不锈钢设备试验
用水氯离子含量</td><td colspan="4">mg/L</td></tr>
<tr><td rowspan="3">耐压试验</td><td>试验部位</td><td colspan="2"></td><td></td><td>试验介质</td><td colspan="2"></td></tr>
<tr><td>试验压力</td><td colspan="2"></td><td>MPa</td><td>保压时间</td><td colspan="2">min</td></tr>
<tr><td>试验结论</td><td colspan="2">□</td><td colspan="2">□有渗漏
□有可见异常变形
□有异常响声
□不合格</td><td colspan="3">□无渗漏
□无可见异常变形
□无异常响声
□合格</td></tr>
<tr><td rowspan="3">气密试验</td><td>试验部位</td><td colspan="2"></td><td colspan="2"></td><td>试验介质</td><td></td></tr>
<tr><td>试验压力</td><td colspan="2"></td><td colspan="2">MPa</td><td>保压时间</td><td>min</td></tr>
<tr><td>试验结论</td><td colspan="2">□</td><td colspan="2">□有渗漏
□有可见异常变形
□有异常响声
□不合格</td><td colspan="3">□无渗漏
□无可见异常变形
□无异常响声
□合格</td></tr>
<tr><td>补充试验</td><td colspan="7"></td></tr>
<tr><td colspan="2">设备管理部门</td><td colspan="2">监理单位</td><td colspan="2">生产装置</td><td colspan="2">施工单位</td></tr>
<tr><td colspan="2">专业工程师：

日期：　年　月　日</td><td colspan="2">专业工程师：

日期：　年　月　日</td><td colspan="2">专业工程师：

日期：　年　月　日</td><td colspan="2">专业工程师：
质量检查员：
施工班组长：
日期：　年　月　日</td></tr>
</table>

8. 蒸汽加热器维护检修规程

SHS 10012—2019

代替 SHS 10012—2004

目　　次

前　言

本规程按照GB/T 1.1—2009《标准化工作导则 第1部分：标准的结构和编写》给出的规则起草。

本规程代替SHS 10012—2004《蒸汽加热器维护检修规程》，与SHS 10012—2004相比，除了编辑性修改外，主要技术内容变化如下：

——对适用范围进行了调整；

——根据设备的运行特点，检修周期有所调整；

——对日常维护的内容进行了修改。

本规程由中国石油化工集团有限公司、中国石油化工股份有限公司提出。

本规程起草单位：杭州杭氧股份有限公司。

本规程主要起草人：毛传剑。

本规程历次版本发布情况：

——SHS 10012—1992，SHS 10012—2004。

蒸汽加热器维护检修规程

1 范围

1.1 主题内容

本规程规定了蒸汽加热器的检修周期与内容、检修程序与质量标准、试验与验收、运行维护与故障处理。

1.2 适用范围

1.2.1 本规程适用于设计压力在 4.0MPa 以下的钢制管壳式蒸汽加热器，有特殊要求的蒸汽加热器应遵循其特殊的维护检修规程。
1.2.2 除符合本规程外，蒸汽加热器维护检修还应符合设计文件的要求。

2 规范性引用文件

下列文件中的条款通过本规程的引用而成为本规程的条款。凡是注日期的引用文件，其随后所有的修改单（不包括勘误的内容）或修订版均不适用于本标准，然而，鼓励根据本标准达成协议的各方研究是否可使用这些文件的最新版本。凡是不注日期的引用文件，其最新版本适用于本规程。

TSG 08 特种设备使用管理规则
TSG 21 固定式压力容器安全技术监察规程
GB/T 151 热交换器
GB/T 150 压力容器
GB 50461 石油化工静设备安装工程施工质量验收规范
GB 50484 石油化工建设工程施工安全技术规范
GB 50645 石油化工绝热工程施工质量验收规范
NB/T 47015 压力容器焊接规程
NB/T 47013 承压设备无损检测
SH/T 3074 石油化工钢制压力容器
SH/T 3536 石油化工工程起重施工规范
JGJ 46 施工现场临时用电安全技术规范
HTEA9004 低翅节能型（低翅直排型）蒸汽加热器操作手册（杭氧标准）
HTEA9005 叠片型（高翅复合管型）蒸汽加热器操作手册（杭氧标准）

3 检修周期和内容

3.1 设备简介

蒸汽加热器常见结构形式有立式蒸汽加热器、卧式蒸汽加热器等。

大型空分一般为立式蒸汽加热器，其结构见图1，外壳由上、下平盖、筒体、接管、支座组成，筒体上平盖接管用于壳程放气，筒体下平盖接管用于壳程放水。蒸汽加热器铺设绝热层。

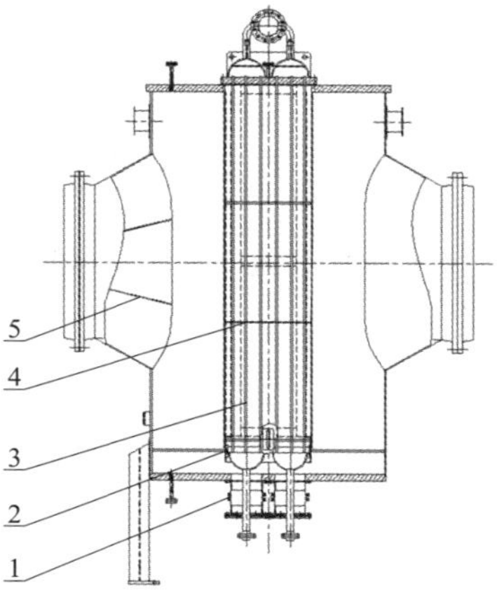

图1 立式蒸汽加热器

1—膨胀节；2—支承框架；3—换热管束；4—分层隔板；5—进口导流板

卧式蒸汽加热器结构见图2。由管箱、筒体、接管、支座、后封头组成，筒体上接管用于污氮的进出口，蒸汽加热器铺设绝热层。

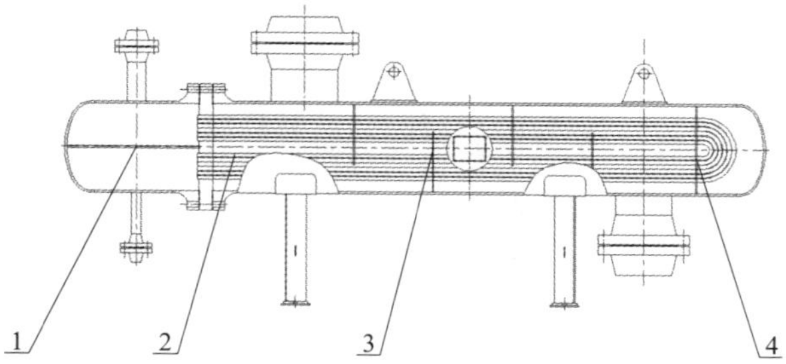

图2 卧式蒸汽加热器

1—管箱隔板；2—换热管束；3—折流板；4—支承板

膨胀节：为了补偿管束热膨胀引起的温差伸长。

支承框架：用以支承管束的内部框架结构。

换热管束：主要的换热部件，蒸汽跟污氮通过换热管束中换热管完成热量的交换。

分层隔板：在管束受冲击时，减少气流产生回旋及振动对管束的破坏。分割气流流道，增加氮气流动的均匀性。

进口导流板：使进口污氮气快速扩散，均匀分布。

分子筛纯化系统中的蒸汽加热器主要是通过高温高压的饱和蒸汽来加热进入分子筛的污氮。蒸汽加热器由换热管束和壳体组成，饱和蒸汽走管程、污氮走壳程。其间管程中的饱和蒸汽不断与壳程中的污氮发生热交换，而饱和蒸汽也随着不断液化变成冷凝水（汽水混合物）。

3.2 检修周期

根据蒸汽加热器运行状况和故障分析，结合 TSG 21《固定式压力容器安全技术监察规程》规定和装置长周期运行要求，统筹考虑，确定检修周期，一般为 3 ～ 6 年。

3.3 检修内容

3.3.1 压力容器月检查、年度检查、定期检验时确定修理的项目。

3.3.2 拆卸绝热层，拆除进出口管线、阀门，安装盲板。

3.3.3 检查、修理设备本体法兰及连接件密封面，更换垫片。

3.3.4 检查容器本体、开孔接管焊缝有无缺陷（裂纹、过热、变形、泄漏等）。

3.3.5 检查、更换膨胀节。

3.3.6 拆卸管箱（头盖），对管束进行气密性查漏，必要时做氨检漏。对泄漏换热管进行堵管；对管端角焊缝泄漏处进行打磨、焊接修复或堵管或胀接。

3.3.7 更换蒸汽加热器管束或壳体。

3.3.8 抽出管束，清扫管束和壳体、管箱内壁。

3.3.9 检查，修理支承框架、分层隔板、进口导流板、折流板等内部件。

3.3.10 检查蒸汽加热器壳体、管箱（头盖）内壁腐蚀、裂纹、变形情况，视情修理或更换

3.3.11 检查、修理支撑底座（支座、鞍座等）和基础。检查设备基础下沉、倾斜或裂纹，基础螺栓和螺母松动、裂纹、腐蚀等。

3.3.12 检修或更换蒸汽加热器的第一道阀门。

3.3.13 检查或更换部分螺栓、螺母。

3.3.14 检查、修理、校验安全附件、仪表。

3.3.15 检查接地完好情况。

3.3.16 试压、气密。

3.3.17 拆除盲板，管线、阀门安装。

3.3.18 绝热层、防腐层修理或更换。

4 检修程序与质量标准

4.1 检修前准备

4.1.1 掌握蒸汽加热器运行状况，编制、审批、下达检修计划，备齐检修所需的图纸、技术资料和相关检修记录，制定检修方案（含焊接方案）或检修作业指导书，产权单位、检修单位按规定进行检修作业的双向交底，并做好交底记录。

4.1.2 按要求备齐检修所需工器具、吊具、量具，加热器管束存放架等。

4.1.3 备齐检修所需的备品、配件、材料和劳动保护用品等，并检查核实备品、配件、材料的规格尺寸和材质是否满足技术要求。

4.1.4 从事压力容器检修的单位、人员必须符合 TSG 21《固定式压力容器安全技术监察规程》的有关规定。注意换热元件组解体和安装的工作人员培训，安装人员必须熟读蒸汽加热器检修方案（含焊接方案）或检修作业指导书，特别要注意“安装”章节。

4.1.5 从事蒸汽加热器检修的所有人员必须身体健康，经过三级安全教育合格。

4.1.6 检修条件确认

4.1.6.1 排净蒸汽加热器内积水与介质，蒸汽加热器内部和设备接管（指设备与第一道阀门之间的管道）内介质吹扫、置换合格，检查确认蒸汽加热器与其他设备相通的工艺管线是否隔断或用盲板隔离。

4.1.6.2 检查确认是否按规定办理了各类作业票证。特别注意：动火、防窒息分析的取样要具有代表性。人员进入立式蒸汽加热器壳程检修前，壳程必须进行空气置换，及至内部氧气含量在 19.5% ～ 23%，防止发生内部氮气窒息事故；进入人员需佩戴测氧仪，同时应配备通风等相应安全防护措施。

4.1.6.3 检查确认蒸汽加热器检修、照明用电符合标准规范。

4.2 检修质量标准

4.2.1 蒸汽加热器月检查、年度检查、定期检验应符合 TSG 21《固定式压力容器安全技术监察规程》的要求。

4.2.2 阀门、法兰密封面应完好，无划痕、凹坑等。采用直接研磨或焊接后铲平研磨、高分子涂层等修理方法的，研磨后密封面的粗糙度不低于 R_a0.8。

4.2.3 换热管焊接堵管材料应与管板的材料匹配；换热管胀接堵管材料硬度应不大于换热管硬度。堵头的锥度在 3° ～ 5° 。

4.2.4 堵管数量不宜超过加热器加热管总数的 10%。（根据工艺要求和具体情况可适当增减）。

4.2.5 抽芯要求参照 HTEA 9004《低翅节能型（低翅直排型）蒸汽加热器操作手册》（杭氧标准）HTEA 9005《叠片型（高翅复合管型）蒸汽加热器操作手册》（杭氧标准）执行。

4.2.6 加热器的管束如有补焊或换热管补胀后，必须进行压力试验。试验步骤按图样规定执行。

4.2.7 支撑板如出现破损、脱落，移位零件，去除原有的破损部分，按原样重新固定。注意保留原伸缩空隙等。变形的隔板或折流板，重新修正或更换，并固定。

4.2.8 安全附件校验、修理应符合设计文件或标准要求；测量仪表显示控制系统应灵敏、指示准确，调校、修理应符合设计文件或标准要求。

4.2.9 接地线良好，对地电阻应符合设计要求。

4.2.10 蒸汽加热器的壳体及受压元件检修质量标准按 SHS 01004《压力容器维护检修规程》执行。

4.2.11 蒸汽加热器的绝热层维护检修质量标准按 SHS 01033《设备及管道绝热维护检修规程》执行。

4.2.12 蒸汽加热器的防腐涂层维护检修质量标准按 SHS 01034《设备及管道涂层维护检修规程》执行。

5 试验与验收

5.1 试验前准备

5.1.1 备齐试验所需的试压机具、工装、材料、测量仪表、水源、气源等物料。

5.1.2 检查确认各项检修项目已完成，检修记录齐全，检修质量符合本规程 4.2 条检修质量标准的规定。

5.1.3 检查确认设备内部洁净、无杂物，回装管箱（头盖）。

5.1.4 拆盲板，连接好阀门、管道。

5.1.5 检查确认设备零部件完整无缺；安全附件校验合格，齐全完整；仪表附件齐全、准确、灵敏、可靠。螺栓紧固。

5.1.6 工艺处理完毕，各专业人员共检完毕，具备试验条件。

5.2 试验

5.2.1 按设计文件或标准进行耐压试验合格（如有必要）。

5.2.2 按设计文件或标准进行气密性试验合格。

5.3 验收

5.3.1 蒸汽加热器检修完毕后，应组织检查验收，确认检修项目完成并质量合格。

5.3.2 蒸汽加热器检修资料齐全，至少包括：

5.3.2.1 蒸汽加热器定期检验报告；

5.3.2.2 更换零部件的质量证明书、有关复检验报告；

5.3.2.3 蒸汽加热器检修质量控制确认表；

5.3.2.4 蒸汽加热器试验与验收数据记录表；
5.3.2.5 安全附件校验、定压记录；
5.3.2.6 封闭记录；
5.3.2.7 检修竣工验收单。
5.3.3 按操作规程对蒸汽加热器投入使用，符合工艺指标，运行 24h 后，设备本体及各部件、附件无异常情况，密封点无泄漏，办理竣工验收手续。

6 维护和故障处理

6.1 日常维护

6.1.1 装置开、停过程中，蒸汽加热器应缓慢升温和降温，避免造成压差过大和热冲击，应遵循停工时“先热后冷”，即先退热介质，再退冷介质；开工时“先冷后热”，即先进冷介质，后进热介质。一般要求再生气升温速度控制在 5 ～ 10℃ /min 内，在可能的情况下，升温速度尽可能慢。
6.1.2 如系统使用的是饱和蒸汽，要特别注意前面减温水系统是否正常工作，该系统水箱水位需要控制在正常位置。
6.1.3 冷凝水排放管道应畅通，疏水阀动作正常。系统冷凝水不得随意排放，应根据用户设计排入相应管网。
6.1.4 按 TSG 21《固定式压力容器安全技术监察规程》的要求对蒸汽加热器进行月检查、年度检查。
6.1.5 认真检查设备运行参数，严禁超温、超压和超负荷运行。
6.1.6 定期排查密封点泄漏情况，视情处理。
6.1.7 检查安全附件、测量仪表等完好情况。
6.1.8 检查设备基础下沉、倾斜或裂纹，基础螺栓和螺母松动、裂纹、腐蚀等
6.1.9 检查接地线是否完好。
6.1.10 检查保持绝热层完好情况。

6.2 常见功能故障与处理方法

蒸汽加热器常见功能故障与处理方法见表 1。

表 1 蒸汽加热器常见功能故障与处理方法

序号	功能	功能故障	故障模式	故障后果	故障应对策略与检修内容	检修周期 / 月
1	蒸汽侧气体压降不大于设计值且保证换热效果	蒸汽外漏	蒸汽管线法兰垫片损坏	装置降量、停工	检查紧固螺栓，带压堵漏、更换垫片	视情而定
2			封头螺栓松动，垫片损坏	装置降量、停工	紧固封头螺栓，带压堵漏、更换垫片	视情而定

表 1　蒸汽加热器常见功能故障与处理方法（续）

序号	功能	功能故障	故障模式	故障后果	故障应对策略与检修内容	检修周期 / 月
3	出口气体含湿量低于设计值	出口气体含湿量超标	管束内漏	装置降量、停工	停工检查管束，消漏	视情而定
4			管板泄漏	装置降量、停工	停工检查管束板，消漏	视情而定
5	出口气体温度到达设计值	出口气体温度达不到要求	蒸汽流量、压力、温度达不到要求	设备故障停工	检查蒸汽管线和阀门，调整流量、压力、温度（压力不能超过设计值）	视情而定

附　录　A

（资料性附录）

蒸汽加热器检修质量控制确认表

位号	名称	规格	设计条件		操作条件		介质	主体材质	备注
			温度	压力	温度	压力			
序号	主要检修内容		质量标准	控制级别	检查情况	施工单位检查确认人	生产装置检查确认人	设备管理部门检查确认人	日期
1									
2									
3									
4									

控制级别说明： A：施工单位、生产装置、设备管理部门专业技术人员检查确认后签字。

B：施工单位和生产装置专业技术人员检查确认后签字。

C：施工单位专业技术人员检查确认后签字。

另：如果有监理，监理的职责由甲方授权。

附　录　B
（资料性附录）
蒸汽加热器试验与验收数据记录表

<table>
<tr><td>试验类型</td><td colspan="4">□水压　□气压　□气密</td><td>设备名称</td><td colspan="2"></td></tr>
<tr><td>设计压力</td><td colspan="2"></td><td colspan="2"></td><td>设备位号</td><td colspan="2"></td></tr>
<tr><td>设计温度</td><td colspan="2"></td><td colspan="2">MPa</td><td>操作介质</td><td colspan="2"></td></tr>
<tr><td>压力表
精度等级</td><td colspan="2"></td><td colspan="2"></td><td>压力表
量程</td><td colspan="2">MPa</td></tr>
<tr><td>压力表
检定日期</td><td colspan="2"></td><td colspan="2"></td><td>压力表
表盘直径</td><td colspan="2">mm</td></tr>
<tr><td>环境温度</td><td colspan="2"></td><td colspan="2">℃</td><td>试验介质
温度</td><td colspan="2">℃</td></tr>
<tr><td colspan="2"></td><td colspan="2">奥氏体不锈钢设备试验
用水氯离子含量</td><td colspan="4">mg/L</td></tr>
<tr><td rowspan="3">耐压试验</td><td>试验部位</td><td colspan="2"></td><td></td><td>试验介质</td><td colspan="2"></td></tr>
<tr><td>试验压力</td><td colspan="2"></td><td>MPa</td><td>保压时间</td><td colspan="2">min</td></tr>
<tr><td>试验结论</td><td colspan="2">□</td><td colspan="4">□有渗漏　□无渗漏
□有可见异常变形　□无可见异常变形
□有异常响声　□无异常响声
□不合格　□合格</td></tr>
<tr><td rowspan="3">气密试验</td><td>试验部位</td><td colspan="2"></td><td colspan="2"></td><td>试验介质</td><td></td></tr>
<tr><td>试验压力</td><td colspan="2"></td><td colspan="2">MPa</td><td>保压时间</td><td>min</td></tr>
<tr><td>试验结论</td><td colspan="2">□</td><td colspan="4">□有渗漏　□无渗漏
□有可见异常变形　□无可见异常变形
□有异常响声　□无异常响声
□不合格　□合格</td></tr>
<tr><td>补充试验</td><td colspan="7"></td></tr>
<tr><td colspan="2">设备管理部门</td><td colspan="2">监理单位</td><td colspan="2">生产装置</td><td colspan="2">施工单位</td></tr>
<tr><td colspan="2">专业工程师：

日期：　年　月　日</td><td colspan="2">专业工程师：

日期：　年　月　日</td><td colspan="2">专业工程师：

日期：　年　月　日</td><td colspan="2">专业工程师：
质量检查员：
施工班组长：
日期：　年　月　日</td></tr>
</table>

9. 真空粉末绝热低温液体贮槽维护检修规程

SHS 10013—2019

代替 SHS 10013—2004

目　次

前　　言

本规程按照 GB/T 1.1—2009《标准化工作导则　第 1 部分：标准的结构和编写》给出的规则修订。

本规程代替 SHS 10013—2004《真空粉末绝热低温液体贮槽维护检修规程》，与 SHS 10013—2004 相比，除了编辑性修改外，主要技术变化如下：

——适用范围：工作压力≤ 1.6MPa 改成≤ 4.2MPa，容积＞ 0.5m^3 改为＞ 1m^3；

——对检修项目中，拆除外筒后，内筒全面检修及必要的探伤；

——对试验项中水压试验改为气压试验。

本规程由中国石油化工集团有限公司、中国石油化工股份有限公司提出。

本规程起草单位：杭州杭氧低温容器有限公司。

本规程主要起草人：余铁浩。

本规程历次版本发布情况：

——SHS 10013—1992，SHS 10013—2004。

真空粉末绝热低温液体贮槽维护检修规程

1 范围

1.1 主题内容

本规程规定了真空粉末绝热低温液体贮槽的检修周期与内容、检修程序与质量标准、试验与验收、运行维护与故障处理。

1.2 适用范围

1.2.1 本规程适用于贮存低温液体（液氧、液氮、液氩）且内筒工作压力在4.2MPa以下、有效容积1.0m^3以上的固定式真空粉末绝热低温液体贮槽的维护与检修。
1.2.2 低温液体槽车的贮槽、移动式粉末真空绝热贮槽维护与检修可参照本规程执行。

2 规范性引用文件

下列文件中的条款通过本规程的引用而成为本规程的条款。凡是注日期的引用文件，其随后所有的修改单（不包括勘误的内容）或修订版均不适用于本标准，然而，鼓励根据本标准达成协议的各方研究是否可使用这些文件的最新版本。凡是不注日期的引用文件，其最新版本适用于本规程。

TSG 21　固定式压力容器安全技术监察规程
GB/T 150.1～150.4　压力容器
GB/T 18442　固定式真空绝热深冷压力容器
GB/T 18443　真空绝热深冷设备性能试验方法
JB/T 6896　空气分离设备表面清洁度
JB/T 6898　低温液体贮运设备使用安全规则
NB/T 47014　承压设备焊接工艺评定
NB/T 47013　承压设备无损检测
NB/T 47015　压力容器焊接规程

3 检修周期与内容

3.1 设备简介

真空粉末绝热低温液体贮槽由不锈钢内筒、碳钢外筒、内外筒支撑件、珠光砂绝热材料、低温阀门、仪表及安全装置和自增压器组成。其结构分为立式和卧式两种，如图1和图2。

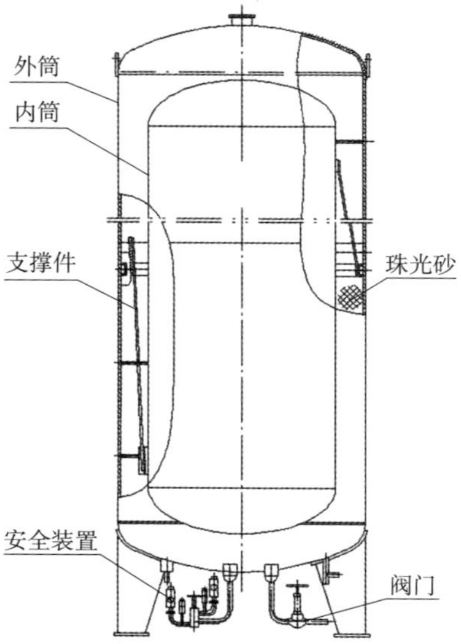

图1　立式贮槽结构简图

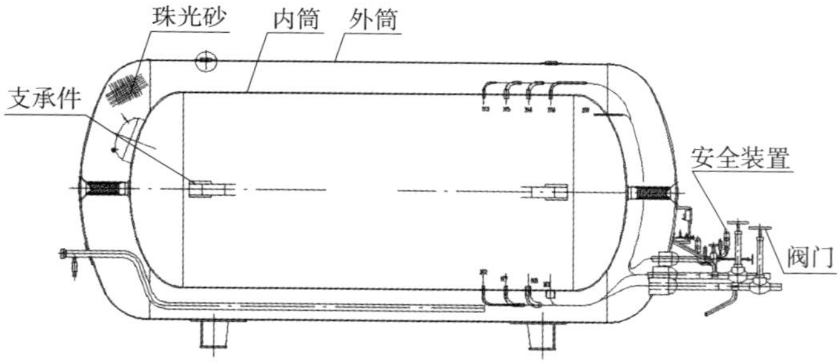

图2　卧式贮槽结构简图

贮槽的功能作用为：贮存来自空分装置或槽车的低温液氮、液氧或液氩，同时可给后续的低温液体泵或蒸发器供液，汽化后的气体输送至管网满足后续装置工艺生产需要。

3.2　检修周期

根据对设备功能故障及其影响分析的结果、有无备用设备，并结合生产装置运行周期及 TSG 21—2016《固定式压力容器安全技术监察规程》的规定确定设备检修周期。一般为3～10年。

3.3　检修内容

3.3.1　压力容器月检查、年度检查、定期检验时确定修理的项目。

3.3.2　拆除进出口管线、阀门，安装盲板。

3.3.3 检查、修理设备本体法兰及连接件密封面，更换垫片。
3.3.4 外筒体检修
3.3.4.1 宏观检查外筒体的变形、腐蚀情况，视情矫形或更换壁板。
3.3.4.2 检查外筒对接焊缝、接管角焊缝有无开裂、气孔泄漏情况，视情打磨、补焊。
3.3.4.3 检查垂直度（仅对立式贮槽）。
3.3.5 内筒、夹层管道检修
3.3.5.1 清理出珠光砂，对内筒和夹层管道气密查漏，必要时进行内筒补焊或管道更换。
3.3.5.2 宏观检查内筒体的变形、腐蚀情况，视情矫形或更换壁板。
3.3.5.3 不锈钢内筒体对接焊缝100%RT检测，其他焊缝100%PT检测。
3.3.5.4 检查内筒支撑件的牢固情况，视情加固或更换。
3.3.5.5 按技术文件要求对内筒进行气压试验。
3.3.5.6 检查垂直度（仅对立式贮槽）。
3.3.6 内、外筒夹层装填珠光砂，夹层抽真空。
3.3.7 外部配管、阀门检修。注意：阀门内、外存在泄漏现象，需排空贮槽内液体、复温、吹扫、置换后进行更换；对腐蚀或泄漏部位的管道进行更换，需严格去油脂。
3.3.8 检查、修理支撑底座（支座、鞍座等）和基础。检查设备基础下沉、倾斜或裂纹，基础螺栓和螺母松动、裂纹、腐蚀等。
3.3.9 检查接地完好情况。
3.3.10 检查或更换部分螺栓、螺母。
3.3.11 检查、修理、校验安全附件、仪表。
3.3.12 拆除盲板，管线、阀门安装。
3.3.13 绝热层、防腐层修理或更换。
3.3.14 检查、修理、更换自增压器。

4 检修程序与质量标准

4.1 检修前准备

4.1.1 掌握真空粉末绝热低温液体贮槽运行状况，编制、审批、下达检修计划，备齐检修所需的图纸、技术资料和相关检修记录，制定检修方案（含焊接方案）或检修作业指导书，产权单位、检修单位按规定进行检修作业的双向交底，并做好交底记录。
4.1.2 按要求备齐检修所需工器具、吊具、量具、装珠光砂防潮袋、便携式缝纫机等。同时落实好珠光砂堆放场地。
4.1.3 备齐检修所需备品、配件、材料和劳动保护用品，并检查核实备品、配件、材料的规格尺寸和材质是否满足技术要求。

特别注意：用于检修的材料、器具、工具、吊具等应进行除油脱脂，严格控制油脂残留量，并符合JB/T 6896—2007《空气分离设备表面清洁度》的要求。

4.1.4 从事真空粉末绝热低温液体贮槽检修的人员必须熟读检修方案（含焊接方案）或检修作业指导书，特别要注意“安全”“注意事项”和“安装”章节。检修时必须切断电源、气源、严防氮气窒息、氧中毒、触电、冻伤等事故。

4.1.5 从事真空粉末绝热低温液体贮槽检修的所有人员必须身体健康，经过三级安全教育合格。

4.1.6 检修条件确认

4.1.6.1 真空粉末绝热低温液体贮槽内筒、内、外部管道内的低温介质排净，进行复温，吹扫、置换合格，检查确认真空粉末绝热低温液体贮槽与其他设备相通的工艺管线是否隔断或用盲板隔离，并设置安全警示标志。

4.1.6.2 检查确认是否按规定办理了各类作业票证。特别注意：动火、防中毒、防窒息分析的取样要具有代表性，必要时，取样人员穿戴长管空气呼吸器进入真空粉末绝热低温液体贮槽内部取样分析，确保真空粉末绝热低温液体贮槽内含氧量介于 19.5%～23.5%之间，严防人员氮气窒息、氧中毒等事故发生。

4.1.6.3 检查确认真空粉末绝热低温液体贮槽内部检修、照明用电符合标准规范。

4.1.6.4 确认真空粉末绝热低温液体贮槽检修场地平整清洁，临时支架牢固，具有防风、防尘和防雨设施。

4.2 检修质量标准

4.2.1 真空粉末绝热低温液体贮槽月检查、年度检查、定期检验应符合 TSG 21—2016《固定式压力容器安全技术监察规程》的要求。

4.2.2 阀门、法兰密封面应完好，无划痕、凹坑等。采用直接研磨或焊接后铲平研磨、高分子涂层等修理方法的，研磨后密封面的粗糙度不低于 R_a0.8。

4.2.3 内、外筒体垂直度允差 $\Delta H \leqslant H/1000$（H 为筒体高度）。且≤ 10mm

4.2.4 接地线良好，对地电阻应符合设计要求，应不超过 4Ω。

4.2.5 内筒、夹层管道、外管道对接焊缝进行 100%RT，符合 NB/T47013.2—2015 Ⅱ级合格，对其他焊缝进行 100%PT，符合 NB/T 47013.5—2015 Ⅰ级合格。

4.2.6 对介质接触的管道或容器表面清洁度检查采用紫光灯或油分浓度分析，紫光灯光照表面光亮无任何异物，进行油脂分析时油脂含量≤ 125mg/m^2；

4.2.7 贮槽真空度检测按 GB/T 18443.2—2010《真空绝热深冷设备性能试验方法 第 2 部分真空度测量》执行；其真空度合格值见表 1。

表 1 真空度

几何容积 V/m^2	真空度 /Pa
$1 < V \leqslant 10$	≤ 2
$10 < V \leqslant 50$	≤ 3
$50 < V \leqslant 100$	≤ 5
$100 < V \leqslant 500$	≤ 8
$V > 500$	≤ 10

4.2.8 贮槽静态蒸发率试验按 GB/T 18443.3—2010《真空绝热深冷设备性能试验方法 第 5 部分静态蒸发率测量》执行；其蒸发率合格指标见表 2。

表 2 静态蒸发率

几何容积 V/m^2	静态蒸发率（上限值），%/d		
	液氮	液氧	液氩
1	1.2	0.8	0.85
2	1.0	0.67	0.7
3	0.9	0.6	0.63
5	0.65	0.435	0.46
10	0.55	0.36	0.38
15	0.53	0.35	0.37
20	0.50	0.33	0.35
25	0.45	0.30	0.32
30	0.44	0.29	0.31
35	0.405	0.27	0.285
40	0.37	0.25	0.26
50	0.35	0.23	0.24
65	0.30	0.20	0.21
85	0.28	0.18	0.19
100	0.25	0.16	0.17
150	0.225	0.145	0.155
200	0.20	0.13	0.14
250	0.18	0.12	0.13
300	0.16	0.11	0.12
500	0.15	0.10	0.11

4.2.9 贮槽气压试验，试验压力为设计压力的 1.1 倍，试验介质为露点≤ -25℃的干燥空气或氮气，保压时间为：30min 以上，经肥皂液检查无漏气、无可见变形。

4.2.10 贮槽气密性试验（有气压试验时应在气压试验合格后进行），试验压力为最高工作压力，试验介质为露点≤ -25℃的干燥空气或氮气，保压 24h，泄漏率小于或等于 5% 时合格；

$$S=\left(1-\frac{p_2\times T_1}{p_1\times T_2}\right)\times 100\%$$

式中 S——泄漏率，%；

p_1——试验开始时的绝对压力，MPa；

p_2——试验结束时的绝对压力，MPa；

T_1——试验开始时气体的绝对温度，K；

T_2——试验结束时气体的绝对温度，K。

4.2.11 珠光砂装填应密实，不应有空穴。其性能指标应符合表3的要求。

表3 珠光砂性能指标

<table>
<tr><th rowspan="2">序号</th><th rowspan="2" colspan="2">项目</th><th colspan="2">技术要求</th></tr>
<tr><th>CEP 50</th><th>CEP 60</th></tr>
<tr><td>1</td><td colspan="2">体积密度 / (kg/m³)</td><td>≤ 50</td><td>>50 ~≤ 60</td></tr>
<tr><td>2</td><td colspan="2">振实密度 / (kg/m³)</td><td>≤ 65</td><td>≤ 75</td></tr>
<tr><td rowspan="2">3</td><td rowspan="2">粒度</td><td>1mm 筛孔筛余量 /%</td><td rowspan="2">≤ 8</td><td rowspan="2">≤ 10</td></tr>
<tr><td>0.15mm 筛孔通过量 /%</td></tr>
<tr><td>4</td><td colspan="2">质量含水率 /%</td><td colspan="2">≤ 0.5</td></tr>
<tr><td>5</td><td colspan="2">安息角 / (°)</td><td colspan="2">≤ 37</td></tr>
<tr><td>6</td><td colspan="2">导热系数
(热面温度 293K，冷面温度 77K 时的平均值[W/(m·K)])</td><td>≤ 0.023</td><td>≤ 0.025</td></tr>
</table>

4.2.12 真空粉末绝热低温液体贮槽仪控系统检修质量标准参照 SHS 07002《检测仪表》执行。

4.2.13 真空粉末绝热低温液体贮槽管道的检修质量标准按 SHS 01005《工业管道维护检修规程》执行。

4.2.14 真空粉末绝热低温液体贮槽筒体及零部件检修质量标准按 SHS 01004《压力容器维护检修规程》执行。

4.2.15 真空粉末绝热低温液体贮槽的绝热层维护检修质量标准按 SHS 01033《设备及管道绝热维护检修规程》执行。

4.2.16 真空粉末绝热低温液体贮槽的防腐涂层维护检修质量标准按 SHS 01034《设备及管道涂层维护检修规程》执行。

5 试验与验收

5.1 试验前准备

5.1.1 备齐试验所需的试压机具、工装、材料、温度记录仪、压力表（量程、精度与刻度应与试验要求匹配）、气源等。

5.1.2 检查确认各项检修项目已完成，检修记录齐全，检修质量符合本规程 4.2 条检修质量标准的规定。

5.1.3 确认压力表、液位计及远传变送器仪表、控制系统安装完毕。

5.1.4 确认安全阀、爆破装置安装完毕。

5.1.5 确认贮槽内筒、管路内表面清洁、无油、露点合格；特别是确保氧贮槽的内部的脱脂、去油、无金属颗粒。

5.1.6 场地内及其周围须清除油、油脂、油布及一切污物、保持场所清洁干净。

5.1.7 工艺处理完毕，各专业人员共检完毕，具备试验条件。

5.2 试验

5.2.1 仪控系统调试。

5.2.2 进行气压试验。

5.2.3 进行气密试验。

5.2.4 静态蒸发率试验。

5.3 验收

5.3.1 检修完毕后，应组织检查验收，确认检修项目完成并质量合格。

5.3.2 检修资料齐全，至少包括：

5.3.2.1 定期检验报告；

5.3.2.2 更换板材、管材（管子、法兰、弯头等）、珠光砂的质量证明书、有关复检报告；

5.3.2.3 真空粉末绝热低温液体贮槽检修质量控制确认表；

5.3.2.4 真空粉末绝热低温液体贮槽试验与验收数据记录表；

5.3.2.5 安全附件校验、定压记录；

5.3.2.6 仪控系统调试记录；

5.3.2.7 封闭记录；

5.3.2.8 检修竣工验收单。

5.3.3 按操作规程对贮槽缓慢预冷后投入使用，符合工艺指标，运行 24h 后，设备本体及各部件、附件无异常情况，密封点无泄漏，办理竣工验收手续。

6 运行维护与故障处理

6.1 日常维护

6.1.1 严格执行工艺操作规程和岗位操作规程，严禁超温、超压和超负荷运行。

6.1.2 定期检查安全附件、测量仪表等完好情况。

6.1.3　定期排查密封点泄漏情况，视情处理。

6.1.4　定期检查接地线是否完好。

6.1.5　定期检查设备基础下沉、倾斜或裂纹，基础螺栓和螺母松动、裂纹、腐蚀等。

6.1.6　检查贮槽外筒及外部保温管道绝热层是否有凝露、结霜现象。

6.1.7　检查贮槽的本体表面、接口（阀门、管路）部位、焊接接头等有无裂缝、变形、泄漏现象。

6.1.8　定期检查贮槽的检漏孔、信号孔有无漏液、漏气，检漏孔是否畅通。

6.1.9　检查贮槽与相邻管道或阀门的异常振动、响声、相互摩擦。

6.1.10　定期检测贮槽夹层真空度。

6.2　常见功能故障与处理方法

真空粉末绝热低温液体贮槽常见功能故障与处理方法见表 4。

表 4　真空粉末绝热低温液体贮槽常见功能故障与处理方法

序号	功能	功能故障	故障模式	故障后果	故障应对策略与检修内容	检修周期／月
1	贮存来自空分装置或槽车的低温液体，为后续装置供液	压力升高	升压调阀关闭不严	安全阀起跳	检修阀门	视情而定
			增压器前道阀关不严	安全阀起跳	检修阀门	视情而定
			降压调阀达到调定压力时不能开启泄压	安全阀起跳	检修阀门	视情而定
			压力表指示失灵	设备停运	校验或更换	视情而定
			夹层真空度恶化	设备停运	重抽真空	视情而定
			顶部珠光砂下沉	设备停运	补装珠光砂	视情而定
2		外筒冒汗	夹层真空度恶化	设备停运	重抽真空	视情而定
			顶部珠光砂下沉	设备停运	补装珠光砂	视情而定
3		外筒结霜	外筒泄放装置泄漏	设备停运	更换密封圈重抽真空	视情而定
			内筒泄漏	设备停运	内筒返修	视情而定
			夹层管道泄漏	设备停运	管道返修	视情而定
4		管道跑冷	保温失效	设备停运	重新保温	视情而定
5		阀门泄漏	端盖泄漏	设备停运	上紧螺母或更换密封圈	视情而定
			填料泄漏	设备停运	更换填料	视情而定
			内密封面泄漏	设备停运	更换阀门	视情而定

表 4　真空粉末绝热低温液体贮槽常见功能故障与处理方法（续）

序号	功能	功能故障	故障模式	故障后果	故障应对策略与检修内容	检修周期／月
6	贮存来自空分装置或槽车的低温液体，为后续装置供液	液位指示不准确	液位计失灵	设备停运	检修或更换	视情而定
			平衡阀泄漏	设备停运	更换平衡阀	视情而定
			取压管泄漏或堵塞	设备停运	更换取压管	视情而定
7		安全阀泄漏	密封圈泄漏	设备停运	上紧螺母或更换密封圈	视情而定
			弹簧失效	设备停运	更换或校验	视情而定
8		爆破片泄漏	爆破片裂纹	设备停运	更换	视情而定

附 录 A
（资料性附录）
真空粉末绝热低温液体贮槽检修质量控制确认表

位号	名称	规格	设计条件		操作条件		介质	主体材质	备注
			温度	压力	温度	压力			
序号	主要检修内容		质量标准	控制级别	检查情况	施工单位检查确认人	生产装置检查确认人	设备管理部门检查确认人	日期
1	外筒除锈、补油漆		油膜厚度满足技术文件要求						
2	外筒补焊		无损检测合格						
3	夹层抽真空		真空度合格						
4	内筒补焊		无损检测合格						
5	内筒耐压试验		无泄漏						
6	内筒气密性试验		无泄漏						
7	管路保温更换		不跑冷						
8	管道补焊、更换		无损检测合格						
9	法兰密封圈更换		无泄漏						
10	低温阀门检修		无泄漏						
11	基础沉降补灌浆		符合基础要求						
12	安全阀更换		校验合格						
13	爆破片更换		符合技术要求						
14	压力表更换		校验合格						
15	液位计更换		校验合格						
16	接地装置更换		电阻合格						

控制级别说明： A：施工单位、生产装置、设备管理部门专业技术人员检查确认后签字。
B：施工单位和生产装置专业技术人员检查确认后签字。
C：施工单位专业技术人员检查确认后签字。
另：如果有监理，监理的职责由甲方授权。

附　录　B

（资料性附录）

真空粉末绝热低温液体贮槽试验与验收数据记录表

试验类型	□气压　□气密			设备名称	
设计压力				设备位号	
设计温度			MPa	操作介质	
压力表精度等级				压力表量程	MPa
压力表检定日期				压力表表盘直径	mm
环境温度			℃	试验介质温度	℃
		奥氏体不锈钢设备试验用水氯离子含量			mg/L
耐压试验	试验部位			试验介质	
	试验压力		MPa	保压时间	min
	试验结论	□	□有渗漏 □有可见异常变形 □有异常响声 □不合格	□无渗漏 □无可见异常变形 □无异常响声 □合格	
气密试验	试验部位			试验介质	
	试验压力		MPa	保压时间	min
	试验结论	□	□有渗漏 □有可见异常变形 □有异常响声 □不合格	□无渗漏 □无可见异常变形 □无异常响声 □合格	
补充试验					
设备管理部门		监理单位	生产装置	施工单位	
专业工程师： 日期：　年　月　日		专业工程师： 日期：　年　月　日	专业工程师： 日期：　年　月　日	专业工程师： 质量检查员： 施工班组长： 日期：　年　月　日	

10. 大型粉末充氮低温液体贮槽维护检修规程

SHS 10014—2019

代替 SHS 10014—2004

目　次

前　　言

本规程按照GB/T 1.1—2009《标准化工作导则　第1部分：标准的结构和编写》给出的规则修订。

本规程代替SHS 10014—2004《大型粉末充氮低温液体贮槽维护检修规程》，与SHS 10014—2004相比，除了编辑性修改外，主要技术变化如下：

——适用范围中，取消了铝制材料的大型粉末充氮低温液体贮槽及相关内容，且规定工作压力在50kPa及以下；

——增加了：对内外筒呼吸阀、爆破片装置的检查和对内筒呼吸阀进行校验要求；

——对内筒底板上焊缝增加了真空盒负压检漏；

——对内筒的耐压或气密性试验压力和试验介质的要求做出了修改。

本规程由中国石油化工集团有限公司、中国石油化工股份有限公司提出。

本规程起草单位：杭州杭氧低温容器有限公司。

本规程主要起草人：余铁浩。

本规程历次版本发布情况：

——SHS 10014—1992，SHS 10014—2004。

大型粉末充氮低温液体贮槽维护检修规程

1 范围

1.1 主题内容

本规程规定了空分装置大型粉末充氮低温液体贮槽的检修周期与内容、检修程序与质量标准、试验与验收、运行维护与故障处理。

1.2 适用范围

1.2.1 本规程适用于内筒材料为奥氏体不锈钢、最高工作压力 $p_W \leqslant 0.050$MPa 的大型粉末充氮低温液体贮槽的维护和检修。

1.2.2 本规程适用于贮存工业用液氧、液氮、液氩等介质的大型粉末充氮低温液体贮槽。

1.2.3 本规程不适用于真空粉末绝热的低温液体贮槽的维护与检修。

2 规范性引用文件

下列文件中的条款通过本规程的引用而成为本规程的条款。凡是注日期的引用文件，其随后所有的修改单（不包括勘误的内容）或修订版均不适用于本标准，然而，鼓励根据本标准达成协议的各方研究是否可使用这些文件的最新版本。凡是不注日期的引用文件，其最新版本适用于本规程。

GB/T 50274 制冷设备、空气分离设备安装工程施工及验收规范

JB/T 13369 粉末绝热低压低温液体贮槽

JB/T 3356.1 低温液体容器性能试验方法

JB/T 6896 空气分离设备表面清洁度

NB/T 47003.1 钢制焊接常压容器

NB/T 47015 压力容器焊接规程

NB/T 47014 承压设备焊接工艺评定

NB/T 47013 承压设备无损检测

SHS 01005 工业管道维护检修规程

SHS0 1004 压力容器维护检修规程

SHS 01012 常压立式圆筒形钢制焊接储罐维护检修规程

SHS 07002 检测仪表

SHS 06008 照明装置维护检修规程

3 检修周期与内容

3.1 设备简介

大型粉末充氮低温液体贮槽由不锈钢内筒、碳钢外筒、内外筒锚固带、混凝土基础平台、梯子、珠光砂与泡沫玻璃砖绝热材料、低温阀门、仪表及安全装置和自增压器组成。其结构形式为立式，如图 1 所示。

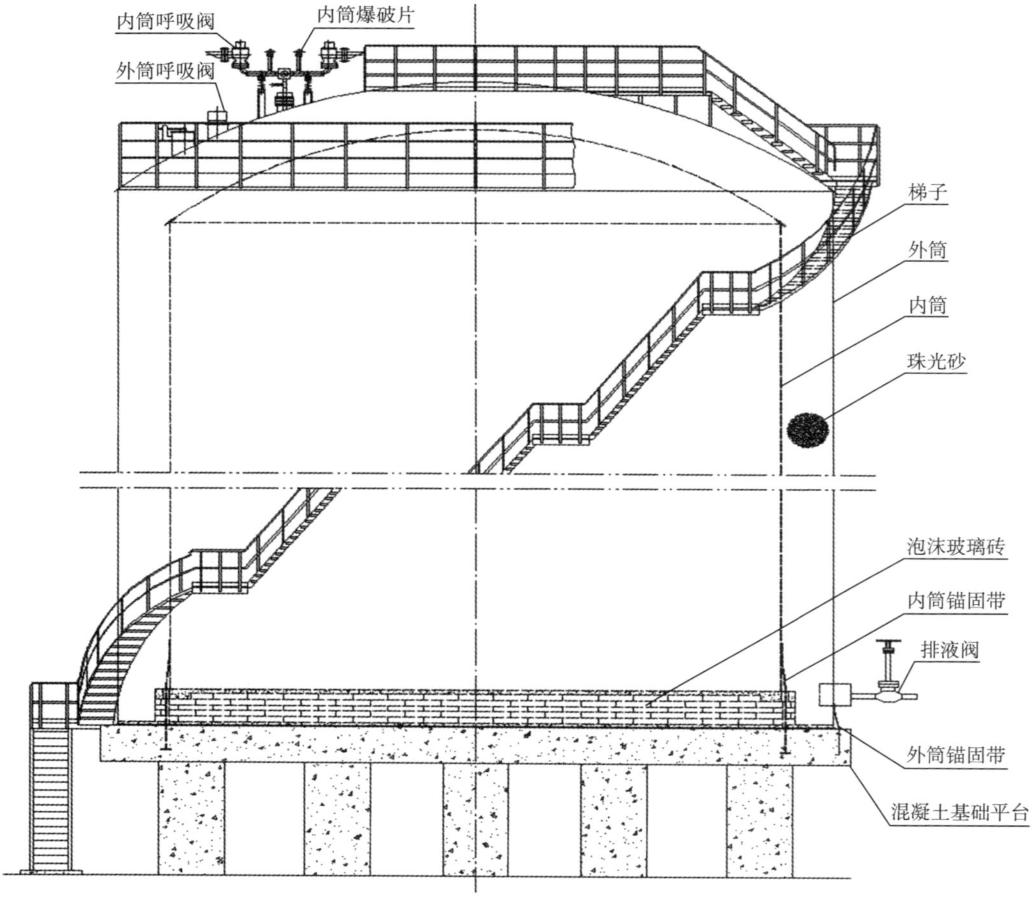

图 1 大型粉末充氮低温液体贮槽结构简图

大型粉末充氮低温液体贮槽的功能作用：贮存来自空分装置或槽车的低温液氮、液氧或液氩，同时可给后续的低温液体泵供液，气化后的气体输送至管网满足后续装置工艺生产需求。

3.2 检修周期

根据对设备功能故障及其影响分析的结果、有无备用设备，并结合生产装置运行周期，确定其检修周期，一般为3～10年。

3.3 检修内容

3.3.1 常压容器年度检查、定期检验时确定修理的项目。

3.3.2 拆卸绝热层，拆除进出口管线、阀门，安装盲板。

3.3.3 检查、修理设备本体法兰及连接件密封面，更换垫片。

3.3.4 检查贮槽的钢构平台、梯子有无腐蚀、焊缝开裂、螺栓紧固情况，视情修理。

3.3.5 外筒体检修

3.3.5.1 宏观检查外筒体的变形、腐蚀情况，视情矫形或更换壁板。

3.3.5.2 检查外筒对接焊缝、接管角焊缝有无开裂、气孔泄漏情况，视情打磨、补焊。

3.3.5.3 检查外筒锚固带的完好情况，视情修理或更换。

3.3.5.4 检查贮槽顶部照明是否完好。

3.3.5.5 检查垂直度。

3.3.6 内筒、夹层管道、附属构件检修

3.3.6.1 打开外筒上的人孔、卸砂孔，清理出内、外筒夹层内的珠光砂，对内筒和夹层气、液体管道气密查漏，必要时进行内筒补焊或管道更换。

3.3.6.2 宏观检查内筒体筒壁、底板、顶盖的局部变形、机械损伤、表面裂纹、腐蚀情况，视情矫形或更换壁板。

3.3.6.3 不锈钢内筒体对接焊缝100%RT检测，其他焊缝100%PT检测。

3.3.6.4 对底板上焊缝涂抹中性薄膜溶液（如肥皂水），采用不小于21kPa（表压）的真空盒负压检漏。

3.3.6.5 对筒壁液面波动部位、液、气流冲刷部位和表面缺陷检查时发现的疑似部位进行测厚检查。

3.3.6.6 检查固定内筒的紧固螺栓或锚固带的牢固、变形、腐蚀情况。视情修理或更换。

3.3.6.7 检查外筒内壁的附属构件是否松动、脱落或损坏。

3.3.6.8 检查底部敷设的充氮管线是否完好，有无变形、堵塞。

3.3.6.9 检查内筒接管及其零部件（如弯头、膨胀节）等有无变形、裂纹。

3.3.6.10 检查底部绝热层（泡沫玻璃砖）有无损坏，与内、外筒底板接触是否良好。

3.3.6.11 按技术文件要求对内筒进行气压试验。

3.3.6.12 检查垂直度。

3.3.7 内、外筒夹层装填珠光砂。

3.3.8 外部配管、阀门检修。注意：阀门内、外存在泄漏现象，需排空贮槽内液体、复温、吹扫、置换后进行更换；对腐蚀或泄漏部位的管道进行更换，需严格去油脂。

3.3.8 检查贮槽基础承台有无损坏，基础有无下沉倾斜、开裂，外锚固带是否齐全、完好。

3.3.9 检查贮槽防雷、接地装置是否完好。

3.3.10 检查或更换部分螺栓、螺母。

3.3.11 检查、修理、校验呼吸阀、爆破片等安全附件，压力、温度、液位等测量仪表。

3.3.12 检查、修理、更换贮槽顶部放空调节阀、底部自增压器。

3.3.13 拆除盲板，管线、阀门安装。

3.3.14 绝热层、防腐层修理或更换。

4 检修程序与质量标准

4.1 检修前准备与注意事项

4.1.1 掌握大型粉末充氮低温液体贮槽运行状况，分析其运行数据，明确检修的主要内容。

4.1.2 编制、审批、下达检修计划，签订好合同，备齐检修所需的图纸和技术资料，制定检修施工方案（含焊接方案），并根据后续检查结果，及时补充完善变更方案，产权单位、检修单位按规定进行检修作业的双向交底，并做好交底记录。

4.1.3 按要求备齐大型粉末充氮低温液体贮槽检修所需工器具、吊车（具）、量具、装珠光砂防潮袋、便携式缝纫机等。同时落实好珠光砂堆放场地。

4.1.4 备齐大型粉末充氮低温液体贮槽检修所需备品、配件、材料和低温防冻劳动保护用品等。检查核实备品、配件、材料的规格尺寸和材质是否满足技术要求。

特别注意：用于检修的材料、器具、工具、吊具等应进行除油脱脂，严格控制油脂残留量，并符合 JB/T 6896—2007《空气分离设备表面清洁度》的要求。

4.1.5 从事大型粉末充氮低温液体贮槽检修的人员必须熟读检修方案（含焊接方案），特别要注意“安全”“注意事项”和“安装”章节。检修时必须切断电源、气源、严防氮气窒息、氧中毒、触电、冻伤等事故。

4.1.6 从事大型粉末充氮低温液体贮槽检修的所有人员必须身体健康，经过三级安全教育，考试合格。

4.1.7 检修条件确认

4.1.7.1 大型粉末充氮低温液体贮槽内筒、内、外部管道内的低温介质排净，进行复温，吹扫、置换合格，检查确认大型粉末充氮低温液体贮槽与其他设备相通的工艺管线是否隔断或用盲板隔离，并设置安全警示标志。

4.1.7.2 检查确认是否按规定办理了各类作业票证。特别注意：动火、防中毒、防窒息分析的取样要具有代表性，必要时，取样人员穿戴长管空气呼吸器进入贮槽内部取样分析，确保贮槽内含氧量介于 19.5%～23%，严防人员氮气窒息、氧中毒等事故发生。

4.1.7.3 检查确认大型粉末充氮低温液体贮槽内部检修、照明用电符合标准规范。

4.1.7.4 确认大型粉末充氮低温液体贮槽检修场地平整清洁，临时支架牢固，具有防风、防尘和防雨设施。

4.2 检修质量标准

4.2.1 更换大型粉末充氮低温液体贮槽的零部件、材料应符合原设计要求，有出厂合格证。

4.2.2 阀门、法兰密封面应完好，无划痕、凹坑等。采用直接研磨或焊接后铲平研磨、高分子涂层等修理方法的，研磨后密封面的粗糙度不低于 R_a0.8。

4.2.3 内、外筒体垂直度允差 $\Delta H \leqslant H/1000$（$H$ 为筒体高度），且≤ 10mm。

4.2.4 防雷、防静电设施完好，对地电阻应符合设计要求，应不超过 4Ω。

4.2.5 内筒、夹层管道、外管道对接焊缝进行 100%RT，符合 NB/T 47013.2—2015 Ⅱ级合格，对其他焊缝进行 100%PT，符合 NB/T 47013.5—2015 Ⅰ级合格。

4.2.6 接触低温液、气体的材料，零部件，安全附件、测量仪表等，在安装使用前须经脱脂处理；清洁度度检查采用紫光灯或油分浓度分析，紫光灯光照表面光亮无任何异物，进行油脂分析时油脂含量≤ 125mg/m^2。

4.2.7 珠光砂装填应密实，不应有空穴。其性能指标应符合表 1 的要求。

表 1 珠光砂指标

序号	名称	指标	备注
1	粒度	0.15～1.18mm	不少于 90%
2	堆积密度	48～65kg/m^3	
3	含水率	≤ 0.3%	质量比
4	导热系数	≤ 0.03W/（m·K）	常压下，温度 77～310K 时的平均值

4.2.8 内筒的气压试验：顶部气相空间施加 1.15 倍设计压力值，试验介质应是干燥、清洁的空气，保压 1 小时，压力不得降低，用肥皂液检查无漏气，无可见异常变形即合格。

4.2.9 内筒气密性试验：顶部气相空间施加 1.0 倍的设计压力值，保压 1h，压力不得降低，用肥皂液检查无漏气，无可见异常变形即合格。

4.2.10 贮槽静态日蒸发率测试，按 JB/T 3356.1—1999《低温液体容器性能试验方法》进行，测量方法采用“液位比较法”，公式如下：

$$\eta=\frac{(L_1-L_2)(T_1-T_2)}{L(T_3-T_2)}K\times 100\%$$

式中 η——被测贮槽日蒸发率，%；

L_1——贮槽考核开始的液位，mm；

L_2——贮槽考核 24h 后的液位，mm；

L——贮槽有效贮液量的液位，mm；

K——仪器校准系数；

T_1——标准规定的基准温度，293K；

T_2——试验介质沸点温度，K；

T_3——环境平均温度温度，K。

静态日蒸发率测量前的条件：

a）考核用介质为设计规定的贮存介质；

b）考核时充液量为有效容积的二分之一以上；

c）贮槽充液静置48h后试验开始；

d）考核期间不允许进行任何进出液等操作。

4.2.11 大型粉末充氮低温液体贮槽电仪控制系统检修质量标准参照SHS 07002《检测仪表》执行。

4.2.12 大型粉末充氮低温液体贮槽照明系统检修质量标准参照SHS 06008《照明装置维护检修规程》执行。

4.2.13 大型粉末充氮低温液体贮槽管道的检修质量标准按SHS 01005《工业管道维护检修规程》执行。

4.2.14 大型粉末充氮低温液体贮槽外筒体检修质量标准按SHS 01011《钢制圆筒形常压容器维护检修规程》执行。

4.2.15 大型粉末充氮低温液体贮槽内筒体及零部件检修质量标准按SHS 01004《压力容器维护检修规程》执行。

4.2.16 大型粉末充氮低温液体贮槽的绝热层维护检修质量标准按SHS 01033《设备及管道绝热维护检修规程》执行。

4.2.17 大型粉末充氮低温液体贮槽的防腐涂层维护检修质量标准按SHS 01034《设备及管道涂层维护检修规程》执行。

5 试验与验收

5.1 试验前准备

5.1.1 备齐试验所需的试压、气密机具、工装、材料、温度记录仪、压力表（量程、精度与刻度应与试验要求匹配），气源等。

5.1.2 检查确认各项检修项目已完成，检修记录齐全，检修质量符合本规程4.2条检修质量标准的规定。

5.1.3 拆除检修所加盲板，贮槽与系统连接确认压力表、液位计及远传变送器仪表、控制系统安装完毕。

5.1.4 确认安全阀、爆破装置安装完毕。

5.1.5 用干燥氮气吹扫内筒及管线，出口露点小于-40℃。确认贮槽内筒、管路内表面清洁、无油、露点合格；特别是确保氧贮槽的内部的脱脂、去油、无金属颗粒。

5.1.6 场地内及其周围须清除油、油脂、油布及一切污物、保持场所清洁干净。

5.1.7 工艺处理完毕，各专业人员共检完毕，具备试验条件。

5.2 试验

5.2.1 仪控系统调试。
5.2.2 进行气压试验。
5.2.3 进行气密试验。
5.2.4 静态日蒸发率试验。

5.3 验收

5.3.1 检修完毕后，应组织检查验收，确认检修项目完成并质量合格。
5.3.2 检修资料齐全，至少包括：
5.3.2.1 更换板材、管材（管子、法兰、弯头等）、珠光砂的质量证明书、有关复检报告；
5.3.2.2 大型粉末充氮低温液体贮槽检修质量控制确认表；
5.3.2.3 大型粉末充氮低温液体贮槽试验与验收数据记录表；
5.3.2.4 无损检测（RT、PT）报告；
5.3.2.5 安全附件校验、定压记录；
5.3.2.6 仪控系统调试记录；
5.3.2.7 封闭记录；
5.3.2.8 检修竣工验收单。
5.3.3 按操作规程对贮槽缓慢预冷后投入使用，贮槽日蒸发率符合要求，设备本体及各部件、附件无异常情况，密封点无泄漏，运行72h后，符合工艺指标，办理竣工验收手续。

6 运行维护与故障处理

6.1 日常维护

6.1.1 压力仪表、液位仪表等指示异常或失真，发现情况应及时调整、处理。
6.1.2 外筒表面、基础承台下表面、保温管道表面有跑冷现象，应及时处理。
6.1.3 阀门内漏或外漏应处理或更换。
6.1.4 呼吸阀、爆破片装置发现异常情况及时报告，不得擅自调整安全阀。
6.1.6 照明、消防设施损坏应及时修复。
6.1.7 如果贮槽排尽液体长期不用，内筒应注入0.005MPa左右的干氮气，防止潮湿空气进入。
5.2.7 外观检查投入运行的贮槽无潮湿、跑冷现象，无振动、变形、响声等异常现象。

6.2 常见功能故障与处理方法

大型粉末充氮低温液体贮槽常见功能故障与处理方法见表2。

表 2　大型粉末充氮低温液体贮槽常见功能故障与处理方法

序号	功能	功能故障	故障模式	故障后果	故障应对策略与检修内容	检修周期 / 月
1	贮存来自空分装置或槽车的低温液体	压力升高	升压调阀关闭不严	安全阀起跳	检修阀门	视情而定
			增压器前道阀关不严	安全阀起跳	检修阀门	视情而定
			降压调阀达到调定压力时不能开启泄压	安全阀起跳	检修阀门	视情而定
			放空管线堵塞	安全阀起跳	疏通管线	视情而定
			压力仪表故障	贮槽停运	校验或更换	视情而定
			珠光砂保温不良	贮槽停运	补装或更换珠光砂	视情而定
2		液位指示不准确	液位仪表失灵	贮槽停运	检修或更换液位计	视情而定
			平衡阀泄漏	贮槽停运	更换平衡阀	视情而定
			取压管泄漏或堵塞	贮槽停运	更换取压管	视情而定
3		外部冒汗或结霜	珠光砂受潮	贮槽停运	更换珠光砂	视情而定
			外筒泄漏，渗水	贮槽停运	修补外筒	视情而定
			顶部珠光砂下沉	贮槽停运	补装珠光砂	视情而定
			内筒和邻近的内部管道有泄漏	贮槽停运	检修贮槽内部	视情而定
4		阀门泄漏	阀门端盖泄漏	贮槽停运	上紧螺母或更换端盖密封圈	视情而定
			阀门填料泄漏	贮槽停运	更换填料	视情而定
			阀门内密封面泄漏	贮槽停运	更换阀门	视情而定
5		阀门卡死	阀芯脱落	贮槽停运	检修阀门	视情而定
			填料空腔结冰	贮槽停运	加温阀杆	视情而定
			阀杆丝扣滑丝	贮槽停运	检修阀门	视情而定
6		接管法兰漏液、漏气	密封垫破损	贮槽停运	更换密封垫	视情而定
			法兰密封面损伤	贮槽停运	修补或更换	视情而定
			焊缝泄漏	贮槽停运	消漏	视情而定
7		呼吸阀泄漏	密封圈泄漏	贮槽停运	上紧螺母或更换密封圈	视情而定
			弹簧失效	贮槽停运	更换或校验	视情而定
8		爆破片泄漏	爆破片裂纹	贮槽停运	更换	视情而定

附　录　A

（资料性附录）

大型粉末充氮低温液体贮槽检修质量控制确认表

<table>
<tr><th rowspan="2">位号</th><th rowspan="2">名称</th><th rowspan="2">规格</th><th colspan="2">设计条件</th><th colspan="2">操作条件</th><th rowspan="2">介质</th><th rowspan="2">主体材质</th><th rowspan="2">备注</th></tr>
<tr><th>温度</th><th>压力</th><th>温度</th><th>压力</th></tr>
<tr><td></td><td></td><td></td><td></td><td></td><td></td><td></td><td></td><td></td><td></td></tr>
<tr><td>序号</td><td colspan="2">主要检修内容</td><td>质量标准</td><td>控制级别</td><td>检查情况</td><td>施工单位检查确认人</td><td>生产装置检查确认人</td><td>设备管理部门检查确认人</td><td>日期</td></tr>
<tr><td>1</td><td colspan="2">外筒除锈、补油漆</td><td>油膜厚度满足技术文件要求</td><td></td><td></td><td></td><td></td><td></td><td></td></tr>
<tr><td>2</td><td colspan="2">外筒补焊</td><td>无损检测合格</td><td></td><td></td><td></td><td></td><td></td><td></td></tr>
<tr><td>3</td><td colspan="2">夹层抽真空</td><td>真空度合格</td><td></td><td></td><td></td><td></td><td></td><td></td></tr>
<tr><td>4</td><td colspan="2">内筒补焊</td><td>无损检测合格</td><td></td><td></td><td></td><td></td><td></td><td></td></tr>
<tr><td>5</td><td colspan="2">内筒耐压试验</td><td>无泄漏</td><td></td><td></td><td></td><td></td><td></td><td></td></tr>
<tr><td>6</td><td colspan="2">内筒气密性试验</td><td>无泄漏</td><td></td><td></td><td></td><td></td><td></td><td></td></tr>
<tr><td>7</td><td colspan="2">管路保温更换</td><td>不跑冷</td><td></td><td></td><td></td><td></td><td></td><td></td></tr>
<tr><td>8</td><td colspan="2">管道补焊、更换</td><td>无损检测合格</td><td></td><td></td><td></td><td></td><td></td><td></td></tr>
<tr><td>9</td><td colspan="2">法兰密封圈更换</td><td>无泄漏</td><td></td><td></td><td></td><td></td><td></td><td></td></tr>
<tr><td>10</td><td colspan="2">低温阀门维修</td><td>无泄漏</td><td></td><td></td><td></td><td></td><td></td><td></td></tr>
<tr><td>11</td><td colspan="2">基础沉降补灌浆</td><td>符合基础要求</td><td></td><td></td><td></td><td></td><td></td><td></td></tr>
<tr><td>12</td><td colspan="2">呼吸阀更换</td><td>校验合格</td><td></td><td></td><td></td><td></td><td></td><td></td></tr>
<tr><td>13</td><td colspan="2">爆破片更换</td><td>符合技术要求</td><td></td><td></td><td></td><td></td><td></td><td></td></tr>
<tr><td>14</td><td colspan="2">压力表更换</td><td>校验合格</td><td></td><td></td><td></td><td></td><td></td><td></td></tr>
<tr><td>15</td><td colspan="2">液位计更换</td><td>校验合格</td><td></td><td></td><td></td><td></td><td></td><td></td></tr>
<tr><td>16</td><td colspan="2">温度计更换</td><td>校验合格</td><td></td><td></td><td></td><td></td><td></td><td></td></tr>
<tr><td>17</td><td colspan="2">接地装置更换</td><td>电阻合格</td><td></td><td></td><td></td><td></td><td></td><td></td></tr>
<tr><td>18</td><td colspan="2">照明更换</td><td>电阻合格</td><td></td><td></td><td></td><td></td><td></td><td></td></tr>
</table>

控制级别说明： A：施工单位、生产装置、设备管理部门专业技术人员检查确认后签字。

B：施工单位和生产装置专业技术人员检查确认后签字。

C：施工单位专业技术人员检查确认后签字。

另：如果有监理，监理的职责由甲方授权。

附　录　B
（资料性附录）
大型粉末充氮低温液体贮槽试验与验收数据记录表

<table>
<tr><td>试验类型</td><td colspan="4">□气压　□气密</td><td>设备名称</td><td colspan="2"></td></tr>
<tr><td>设计压力</td><td colspan="2"></td><td colspan="2"></td><td>设备位号</td><td colspan="2"></td></tr>
<tr><td>设计温度</td><td colspan="2"></td><td colspan="2">MPa</td><td>操作介质</td><td colspan="2"></td></tr>
<tr><td>压力表
精度等级</td><td colspan="2"></td><td colspan="2"></td><td>压力表
量程</td><td colspan="2">MPa</td></tr>
<tr><td>压力表
检定日期</td><td colspan="2"></td><td colspan="2"></td><td>压力表
表盘直径</td><td colspan="2">mm</td></tr>
<tr><td>环境温度</td><td colspan="2"></td><td colspan="2">℃</td><td>试验介质
温度</td><td colspan="2">℃</td></tr>
<tr><td colspan="2"></td><td colspan="2">奥氏体不锈钢设备试验
用水氯离子含量</td><td colspan="4">mg/L</td></tr>
<tr><td rowspan="3">耐压试验</td><td>试验部位</td><td colspan="2"></td><td></td><td>试验介质</td><td colspan="2"></td></tr>
<tr><td>试验压力</td><td colspan="2"></td><td>MPa</td><td>保压时间</td><td colspan="2">min</td></tr>
<tr><td>试验结论</td><td colspan="2">□</td><td colspan="4">□有渗漏　□无渗漏
□有可见异常变形　□无可见异常变形
□有异常响声　□无异常响声
□不合格　□合格</td></tr>
<tr><td rowspan="3">气密试验</td><td>试验部位</td><td colspan="2"></td><td colspan="2"></td><td>试验介质</td><td></td></tr>
<tr><td>试验压力</td><td colspan="2"></td><td colspan="2">MPa</td><td>保压时间</td><td>min</td></tr>
<tr><td>试验结论</td><td colspan="2">□</td><td colspan="4">□有渗漏　□无渗漏
□有可见异常变形　□无可见异常变形
□有异常响声　□无异常响声
□不合格　□合格</td></tr>
<tr><td>补充试验</td><td colspan="7"></td></tr>
<tr><td colspan="2">设备管理部门</td><td colspan="2">监理单位</td><td colspan="2">生产装置</td><td colspan="2">施工单位</td></tr>
<tr><td colspan="2">专业工程师：

日期：　年　月　日</td><td colspan="2">专业工程师：

日期：　年　月　日</td><td colspan="2">专业工程师：

日期：　年　月　日</td><td colspan="2">专业工程师：
质量检查员：
施工班组长：
日期：　年　月　日</td></tr>
</table>

11. 低温液体蒸发器维护检修规程

SHS 10015—2019

代替 SHS 10015—2004

目　　次

前 言

本规程按照GB/T 1.1—2009《标准化工作导则 第1部分：标准的结构和编写》给出的规则修订。

本规程代替SHS 10015—2004《低温液体蒸发器维护检修规程》，与SHS 10015—2004相比，除了编辑性修改外，主要技术变化如下：

——适用范围中，供气能力修改为20～120000Nm³/h；

——增加蒸汽管路、支架的检查和对外筒保温的检查；

——增加了：检查蒸发器的振动和噪声是否过大，应及时处理；

——修改了动火作业前，对蒸发器必须彻底吹除和置换，含氧量19.5%～23%方可进入施工；

——对质量标准中增加了对角焊缝和对接焊缝的无损检测要求；

——运行维护内容中增加了对蒸汽（电）加热水式蒸发器的外筒水温进行监控，是否水温过高引起沸腾或顶盖喷水，需检查蒸汽阀或电加热器异常，并及时补水降温。

本规程由中国石油化工集团有限公司、中国石油化工股份有限公司提出。

本规程主要起草单位：杭州杭氧低温容器有限公司。

本规程主要起草人：余铁浩。

本规程历次版本发布情况：

——SHS 10015—1992，SHS 10015—2004。

低温液体蒸发器维护检修规程

1　范围

1.1　主题内容

本规程规定了低温液体蒸发器的检修周期与内容、检修程序质量标准、试验与验收、运行维护与故障处理。

1.2　适用范围

本规程适用于工作压力16.18MPa以下气化液氧、液氮、液氩的低温液体蒸发器（供气能力为20～120000Nm^3/h），包括空气加温式、水浴蒸汽加热式和水浴电加热式蒸发器的维护与检修。

2　规范性引用文件

下列文件中的条款通过本规程的引用而成为本规程的条款。凡是注日期的引用文件，其随后所有的修改单（不包括勘误的内容）或修订版均不适用于本规程，然而，鼓励根据本规程达成协议的各方研究是否可使用这些文件的最新版本。凡是不注日期的引用文件，其最新版本适用于本规程。

NB/T 47003.1　钢制焊接常压容器

NB/T 47015　压力容器焊接规程

NB/T 47013　承压设备无损检测

JB/T 6895　铝制空气分离设备安装焊接技术规范

JB/T 4734　铝制焊接容器

JB/T 6896　空气分离设备表面清洁度

JB/T 9071　铝制空气分离设备氩弧焊工艺规程及焊接工艺评定

JB/T 1035　铜制空气分离设备制造技术规范

HGL 1009　化工厂换热器维护检修规程

SHS 07002　检测仪表

SHS 01011　钢制圆筒形常压容器维护检修规程

SHS 01005　工业管道维护检修规程

SHS 01033　设备及管道绝热维护检修规程

SHS 01034　设备及管道涂层检修规程

SHS 10011　电加热器维护检修规程
SHS 01013　离心泵维护检修规程

3　检修周期与内容

3.1　设备简介

水浴蒸汽加热式蒸发器由外筒、换热管程、蒸汽喷管、测温元件、循环水泵以及进、排水阀和蒸汽调节阀组成，其结构如图 1 所示。工作原理：低温液体从液相口进入，在底部分配后进入换热管，换热管内液体与筒内热水进行换热，汽化的气体汇集到上环管，再进入气体管网。外部蒸汽从顶部进入蒸汽喷管加热热水，下部热水由循环水泵抽到上部进行循环，使得上下水温均匀。

空气加温式蒸发器由进、出汇集管、铝翅片换热管及支撑件组成，其结构如图 2 所示。工作原理：低温液体经下部分配后进入铝翅片管，铝翅片管内液体与外部空气换热，蒸发成气体再由气相汇集后进入气体管网。

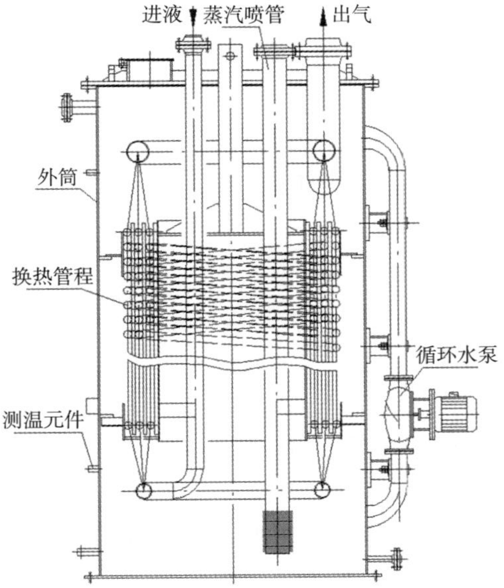

图 1　水浴蒸汽加温式蒸发器

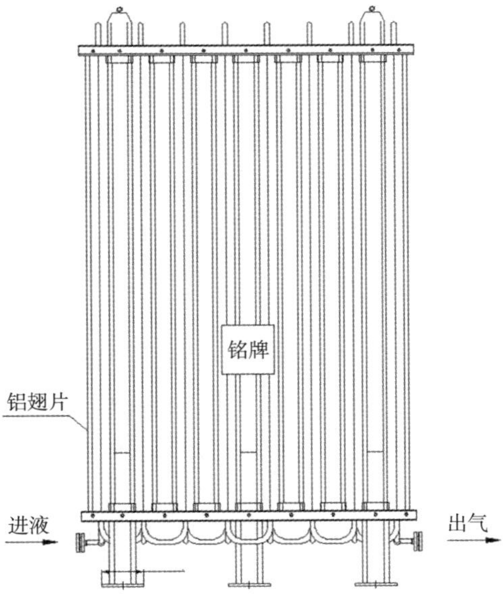

图 2　空气加温式蒸发器

水浴电加热式蒸发器由外筒、换热管程、测温元件、电加热管以及进、排水阀和电控箱组成，其结构如图 3 所示。其工作原理：低温液体从液相口进入，在底部分配后进入换热管，换热管内液体与筒内热水进行换热，汽化的气体汇集到上环管，再进入气体管网。筒内水由电加热管加热。

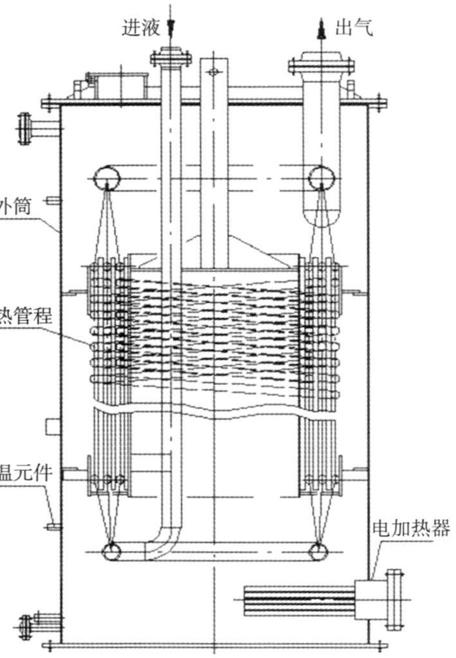

图 3 水浴电加热式蒸发器

3.2 检修周期

根据低温液体蒸发器运行状况和故障分析，结合装置长周期运行要求，统筹考虑，确定检修周期。一般为 3～6 年。

3.3 检修内容

3.3.1 常压容器年度检查、定期检验时确定修理的项目。
3.3.2 拆卸绝热层，拆除进出口管线、阀门，安装盲板。
3.3.3 检查、修理蒸发器本体法兰、管道法兰和电加热器连接筒体、接线箱罩盖密封面，更换垫片。
3.3.4 检查蒸发器本体、开孔接管焊缝有无缺陷（裂纹、过热、变形、泄漏等）以及壳体内壁腐蚀、裂纹、变形情况，视情修理或更换。
3.3.5 检查、修理换热管程、蒸汽喷管、汇集管、铝翅片换热管，视情更换。
3.3.6 检修电加热器。
3.3.7 检修循环水泵。
3.3.8 检查蒸发器内件支撑件变形、开裂、腐蚀情况，视情加固或更换。
3.3.9 检查筒体垂直度。
3.3.10 检查设备基础下沉、倾斜情况。
3.3.11 检修或更换蒸发器的第一道阀门（含蒸汽调节阀）。

3.3.12 检查或更换部分螺栓、螺母。
3.3.13 检查、修理、调校测温仪表、联锁仪表、压力表等附件（与设备相连接的管道上）。
3.3.14 检查接地完好情况。
3.3.15 试压、气密、盛水试验。
3.3.16 拆除盲板，管线、阀门安装。
3.3.17 绝热层、防腐层修理或更换。

4 检修程序与质量标准

4.1 检修前准备

4.1.1 掌握低温液体蒸发器运行状况，编制、审批、下达检修计划，备齐检修所需的图纸、技术资料和相关检修记录，制定检修方案（含焊接方案）或检修作业指导书，产权单位、检修单位按规定进行检修作业的双向交底，并做好交底记录。
4.1.2 按要求备齐检修所需工器具、吊具、量具、电器测量工具，加热器电热元件等内件存放架等。
4.1.3 备齐检修所需备品、配件、材料和劳动保护用品，包括密封件、紧固件、安全附件、绝热材料、焊材、电热元件、电线等。并检查核实备品、配件、材料的规格尺寸和材质是否满足技术要求。
4.1.4 从事低温液体蒸发器检修的人员必须熟读检修方案（含焊接方案）或检修作业指导书，特别要注意“安全”“注意事项”和“安装”章节。检修时必须切断电源、气源、水源，严防氮气窒息、氧中毒、触电、烫伤、冻伤等事故。
4.1.5 从事低温液体蒸发器检修的所有人员必须身体健康，经过三级安全教育合格。
4.1.6 检修条件确认
4.1.6.1 低温液体蒸发器内部和设备接管（指设备与第一道阀门之间的管道）内的低温介质进行复温，吹扫、置换合格，检查确认低温液体蒸发器与其他设备相通的工艺管线是否隔断或用盲板隔离，并设置安全警示标志。
4.1.6.2 检查确认是否按规定办理了各类作业票证。特别注意：动火、防中毒、防窒息分析的取样要具有代表性，必要时，取样人员穿戴长管空气呼吸器进入低温液体蒸发器内部取样分析，确保低温液体蒸发器内含氧量介于19.5%～23%，严防人员进入低温液体蒸发器内污氮气窒息、氧中毒等事故。
4.1.6.3 检查确认低温液体蒸发器内部检修、照明用电符合标准规范。
4.1.6.4 确认低温液体蒸发器安装场地平整清洁，临时支架牢固，具有防风、防尘和防雨设施。

4.2 检修质量标准

4.2.1 蒸发器零部件的材料应符合原设计要求。

4.2.2 更换的换热管应有材质合格证，表面应光滑，不得有各类缺陷。

4.2.3 阀门、法兰密封面应完好，无划痕、凹坑等。采用直接研磨或焊接后铲平研磨、高分子涂层等修理方法的，研磨后密封面的粗糙度不低于 R_a0.8。

4.2.4 蒸发器筒体垂直度允差 $\Delta H \leqslant H$ /1000（H 为筒体高度）。

4.2.5 接地线良好，对地电阻应符合设计要求，应不超过 4Ω。

4.2.6 法兰、螺栓有松动、脱落，必须紧固，电加热器的电源进线处和内部接线螺栓必须紧固。

4.2.7 不锈钢管、铝管等组焊前 ，液体蒸发器零部件安装前应进行脱脂处理，采用紫光灯（表面光亮无任何异物）或油分浓度分析仪进行油脂分析，油脂含量≤125mg/m2。

4.2.8 铝材的焊接及检验应符合 JB/T 6895—2016《铝制空气分离设备安装焊接技术规范》；JB/T 4734—2002《铝制焊接容器》和 JB/T 9071—1991《铝制空气分离设备氩弧焊工艺规程及焊接工艺评定》；铜材的焊接及检验应执行 JB/T 1035—2015《铜制空气分离设备制造技术规范》；不锈钢材料的焊接及验收应执行 NB/T 47015—2011《压力容器焊接规程》等有关规定。

4.2.9 管道焊接后焊缝的质量要求：角焊缝做 100%PT，符合 NB/T 47013.5—2015 I 级合格，对检修后的对接焊缝进行 100%RT，符合 NB/T 47013.2—2015 II 级合格。

4.2.10 对预制的换热管束、汇集管、铝翅片换热管按设计图样进行耐压试验，无渗漏，无异常变形。

4.2.11 对蒸发器筒体进行盛水试验，无渗漏。

4.2.12 电加热水式蒸发器电气部分检修应符合国家有关电气专业标准。（参照电气相应检修规程）

4.2.13 仪控制系统检修质量标准参照 SHS 07002《检测仪表》执行。

4.2.14 低温液体蒸发器的电加热器检修质量标准按 SHS 10011《电加热器维护检修规程》执行。

4.2.15 低温液体蒸发器的循环水泵检修质量标准按 SHS 01013《离心泵维护检修规程》执行。

4.2.16 低温液体蒸发器筒体检修质量标准按 SHS 01011《钢制圆筒形常压容器维护检修规程》执行。

4.2.17 低温液体蒸发器换热管束、汇集管、铝翅片换热管的检修质量标准按 SHS 01005《工业管道维护检修规程》执行。

4.2.18 低温液体蒸发器的绝热层维护检修质量标准按 SHS 01033《设备及管道绝热维护检修规程》执行。

4.2.19 低温液体蒸发器的防腐涂层维护检修质量标准按 SHS 01034《设备及管道涂层维护检修规程》执行。

5 试验与验收

5.1 试验前的准备

5.1.1 备齐试验所需的试压机具、工装、材料、电压表、温度记录仪（量程、精度与刻度应与试验要求匹配），电源、气源等。
5.1.2 检查确认各项检修项目已完成，检修记录齐全，检修质量符合本规程 4.2 条检修质量标准的规定。
5.1.3 检查确认设备零部件完整无缺；安全附件校验合格，齐全完整；仪表附件齐全、准确、灵敏、可靠。螺栓紧固，电气系统调试合格。
5.1.4 工艺处理完毕，各专业人员共检完毕，具备试验条件。

5.2 试验

5.2.1 对预制好的换热管束、汇集管、铝翅片换热管用 1.1 倍操作压力的干燥空气做耐压试验，保压至少 30min 无泄漏，合格。
5.2.2 对安装、检修好的换热管束、汇集管、铝翅片换热管用操作压力的干燥空气做气密性试验，保压至少 30min 无泄漏，合格。
5.2.3 筒体检修后做盛水试验，盛装 24h 无渗漏，合格。

5.3 验收

5.3.1 低温液体蒸发器检修完毕后，应组织检查验收，确认检修项目完成并质量合格。
5.3.2 低温液体蒸发器检修资料齐全，至少包括：
5.3.2.1 低温液体蒸发器定期检验报告；
5.3.2.2 更换零部件的质量证明书、有关复检报告；
5.3.2.3 低温液体蒸发器检修质量控制确认表；
5.3.2.4 低温液体蒸发器试验与验收数据记录表；
5.3.2.5 安全、仪表、电气附件或系统校验或调试报告；
5.3.2.6 封闭记录；
5.3.2.7 检修竣工验收单。
5.3.3 确认蒸发器内部清洁度、油脂、颗粒度、露点合格。
5.3.4 检查确认设备内部洁净、无杂物，封好管板、排污孔。
5.3.5 拆盲板，连接好阀门、管道。
5.3.6 设备运行正常后，供气能力满足正常生产需要或能达到设计能力的 90% 以上，设备本体及各部件、附件无异常情况，密封点无泄漏，办理竣工验收手续。

6 维护与故障处理

6.1 日常维护

6.1.1 巡检检查蒸汽（电）加热水式蒸发器的水槽壳体、蒸汽系统、水系统配管、焊缝，静密封点有无泄漏，发现问题及时处理。
6.1.2 按时记录运行压力、温度，发现异常应查明原因，及时处理。
6.1.3 对蒸汽（电）加热水式蒸发器的外筒水温进行监控，是否水温过高引起沸腾或顶盖喷水，需检查蒸汽阀或电加热器异常情况，并及时补水降温。
6.1.4 定期检查蒸发器与相邻管道或蒸汽管有异常振动、响声、相互摩擦情况。
6.1.5 检查蒸发器的检漏孔、信号孔有无漏液、漏气，检漏孔是否畅通。
6.1.6 定期检查设备基础下沉、倾斜或裂纹，基础螺栓和螺母松动、裂纹、腐蚀等。
6.1.7 定期检查接地线是否完好。
6.1.8 定期检查蒸发器外筒及进液管道保温层破损、脱落、潮湿、跑冷情况。

6.2 常见功能故障与处理方法

低温液体蒸发器常见功能故障与处理方法见表2。

表2 低温液体蒸发器常见功能故障与处理方法

序号	功能	功能故障	故障模式	故障后果	故障应对策略与检修内容	检修周期／月
1	通过与热水或空气换热，把低温液体蒸发成气体。	法兰泄漏	螺母松动	无后果或设备停运	上紧螺母或带压封堵或更换密封垫	视情而定
			法兰密封垫失效	无后果或设备停运	带压封堵或更换密封垫	视情而定
2		阀门泄漏	阀门端盖泄漏	无后果或设备停运	上紧螺母或更换端盖密封垫	视情而定
			阀门填料泄漏	设备停运	更换填料	视情而定
			阀门内密封面泄漏	设备停运	更换阀门	视情而定
3		水位下降或顶部喷水	外筒漏水	无后果或设备停运	补焊外筒裂缝	视情而定
			进水管堵塞	设备停运	疏通进水管	视情而定
			进水阀故障	设备停运	维修或更换阀门	视情而定
			溢流管堵塞	设备停运	疏通溢流管	视情而定
			蒸汽控制阀失灵	设备停运	检修控制阀	视情而定

表2　低温液体蒸发器常见功能故障与处理方法（续）

序号	功能	功能故障	故障模式	故障后果	故障应对策略与检修内容	检修周期／月
4	通过与热水或空气换热，把低温液体蒸发成气体。	水温过低或过高	蒸汽阀未打开或全开	无后果或设备停运	蒸汽阀开大或关小	视情而定
			电加热器故障	设备停运	检查电气系统查明原因	视情而定
			进液量过大	无后果或设备停运	减小进液量	视情而定
			铂电阻断线	设备停运	更换铂电阻	视情而定
5		蒸发器振动或异响	蒸汽管堵塞	设备停运	清除堵塞异物	视情而定
			管束引起	设备停运	抽芯检查并处理	视情而定

附　录　A

（资料性附录）

低温液体蒸发器检修质量控制确认表

位号	名称	规格	设计条件		操作条件		介质	主体材质	备注
			温度	压力	温度	压力			

序号	主要检修内容	质量标准	控制级别	检查情况	施工单位检查确认人	生产装置检查确认人	设备管理部门检查确认人	日期
1	外筒除锈、补油漆	油膜厚度满足技术文件要求						
2	外筒补焊	无损检测合格						
3	管程补焊	无损检测合格						
4	管程耐压试验	无泄漏						
5	管程气密性试验	无泄漏						
6	外筒盛水试验	无泄漏						
7	外筒、管路保温更换	不跑冷						
8	管道补焊、更换	无损检测合格						
9	更换法兰密封圈	无泄漏						
10	基础沉降补灌浆	符合基础要求						
11	安全阀更换	校验合格						
12	液位计更换	校验合格						
13	温度计更换	校验合格						
14	更换接地装置	电阻合格						
15	循环水泵更换	运行正常						
16	电加热器更换	运行正常						

控制级别说明： A：施工单位、生产装置、设备管理部门专业技术人员检查确认后签字。

B：施工单位和生产装置专业技术人员检查确认后签字。

C：施工单位专业技术人员检查确认后签字。

另：如果有监理，监理的职责由甲方授权。

附 录 B
（资料性附录）
低温液体蒸发器试验与验收数据记录表

试验类型	□水压 □气压 □气密		设备名称	
设计压力			设备位号	
设计温度		MPa	操作介质	
压力表精度等级			压力表量程	MPa
压力表检定日期			压力表表盘直径	mm
环境温度		℃	试验介质温度	℃
	奥氏体不锈钢设备试验用水氯离子含量			mg/L

耐压试验	试验部位			试验介质		
	试验压力		MPa	保压时间		min
	试验结论	□	□有渗漏 □有可见异常变形 □有异常响声 □不合格		□无渗漏 □无可见异常变形 □无异常响声 □合格	
气密试验	试验部位			试验介质		
	试验压力		MPa	保压时间		min
	试验结论	□	□有渗漏 □有可见异常变形 □有异常响声 □不合格		□无渗漏 □无可见异常变形 □无异常响声 □合格	
补充试验						

设备管理部门	监理单位	生产装置	施工单位
专业工程师： 日期： 年 月 日	专业工程师： 日期： 年 月 日	专业工程师： 日期： 年 月 日	专业工程师： 质量检查员： 施工班组长： 日期： 年 月 日

12. 氮水冷却塔维护检修规程

SHS 10016—2019

代替 SHS 10016—2004

目　　次

前　言

本规程按照GB/T　1.1—2009《标准化工作导则　第1部分：标准的结构和编写》给出的规则修订。

本规程代替SHS　10016—2004《氮水冷却塔维护检修规程》，与SHS　10016—2004相比，除了编辑性修改外，主要技术变化如下：

——对填料塔形式的内件检修进行补充；

——检修时补充了对防腐、测厚的内容；

——增加了对喷淋装置的水冲洗要求；

——增加了填装填料的要求；

——增加了检修维护时空气质量的要求（内部含氧量为19.5%～23%）；

——增加“附录A　氮水冷却塔检修质量控制确认表”；

——增加“附录B　氮水冷却塔试验与验收数据记录表”。

本规程由中国石油化工集团有限公司、中国石油化工股份有限公司提出。

本规程起草单位：杭州杭氧股份有限公司。

本规程主要起草人：李智斌。

本规程历次版本发布情况：

——SHS　10016—1992；SHS　10016—2004。

氮水冷却塔维护检修规程

1 范围

1.1 主题内容

本规程规定了氮水冷却塔的检修周期与内容、检修程序与质量标准、试验与验收、运行维护与故障处理。

1.2 适用范围

本规程适用于氮水冷却塔的维护与检修。

2 规范性引用文件

下列文件中的条款通过本规程的引用而成为本规程的条款。凡是注日期的引用文件，其随后所有的修改单（不包括勘误的内容）或修订版均不适用于本规程，然而，鼓励根据本规程达成协议的各方研究是否可使用这些文件的最新版本。凡是不注日期的引用文件，其最新版本适用于本规程。

GB 50461　石油化工静设备安装工程施工质量验收规范

GB 50484　石油化工建设工程施工安全技术规范

GB 50645　石油化工绝热工程施工质量验收规范

NB/T 47003.1　钢制焊接常压容器

NB/T 47013　承压设备无损检测

NB/T 47041　塔式容器

HTKA 4292　空冷塔、水冷塔用塑料孔板波纹规整填料安装验收技术规范（杭氧标准）

HTKA 4291　空冷塔、水冷塔用散堆填料安装验收技术规范（杭氧标准）

3 检修周期与内容

3.1 设备简介

氮水冷却塔主要由筒体、接管、人孔、塔内件等组成，氮水冷却塔外铺设绝热层。氮水冷却塔的常见结构见图 1。

上、下填料支承：支承栅板由工字钢、格栅和紧固件等组成，各零件与筒体四周固定，用于承托填料。

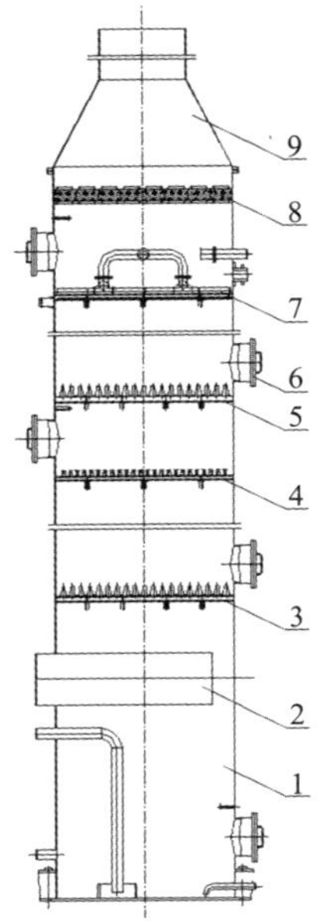

图 1　氮水冷却塔结构简图

1—筒体；2—进气管；3—下填料支承；4—再分配器；5—上填料支承；6—人孔；
7—喷淋装置；8—除沫器；9—锥体

喷淋装置：使上部喷淋水能均匀地喷洒在填料上，使空气和冷却水能进行充分的接触从而提高传热效率。

再分配器：用于收集上部的冷却水并使其重新均匀分配，从而使气、水能够充分接触换热。

除沫器：用于分离氮水冷却塔顶部气体夹带的液滴以保证传质的效率，减少水气进入后续设备。

氮水冷却塔的作用：利用氮气或污氮气的未饱和度使部分水蒸发，从而吸收气化潜热，使冷却水温度降低，再利用其来冷却空气冷却塔的空气。

3.2　检修周期

根据设备运行状况，对设备功能故障及其影响分析、结合装置运行周期、填料使用周期、统筹考虑，确定检修周期，一般为 3 ～ 9 年。

3.3　检修内容

3.3.1　拆卸绝热层，拆除进出口管线、阀门，安装盲板。

3.3.2　检查、修理设备本体法兰及连接件密封面，更换垫片。

3.3.3　检查设备本体、接口部位、焊接接头有无裂纹、过热、变形、泄漏、机械损伤等，对有缺陷部位进行修理。

3.3.4　检查塔体垂直度，调整地脚螺栓和垫板。

3.3.5 拆卸人孔、窥视孔盖、填料等。

3.3.6 检查填料破损、结垢情况，视情进行清洗或更换。

3.3.7 检查上、下填料支承栅板的水平度、固定、锈蚀情况，并进行紧固、修复，视情更换固定螺栓和栅板。

3.3.8 检查喷淋装置是否松动，支架是否牢固。对松动的喷淋装置进行清洗、找正并固定。

3.3.9 检查除沫器支承栅板的完好情况，必要时进行修理或更换。检查除沫器脱水网的堵塞、破损情况，检查丝网是否平整，对不符合要求的除沫器丝网进行修理、清洗或更换。

3.3.10 检查再分配器有无变形、开裂、腐蚀减薄等，视情修理或更换。

3.3.11 检查空气冷却塔内壁腐蚀情况，对受压元件进行测厚抽查，视情修理或更换。

3.3.12 检查塔内各支撑件有无开裂、变形、腐蚀、损坏，连接螺栓是否松动，对松动部位进行固定，对出现严重腐蚀部位应进行详细的测量和检查，对损坏部件进行更换。

3.3.13 检查、修理支撑底座（裙座）和基础。

3.3.14 防冻蒸汽管吹扫、消漏。

3.3.15 检修或更换塔的第一道阀门。

3.3.16 检查或更换部分螺栓、螺母。

3.3.17 检查、修理、校验安全附件、仪表。

3.3.18 检查接地完好情况。

3.3.19 试压、气密。

3.3.20 拆除盲板，管线、阀门安装。

3.3.21 绝热层、防腐层修理或更换。

4 检修程序与质量标准

4.1 检修前准备与注意事项

4.1.1 掌握设备运行状况，编制、审批、下达检修计划，备齐检修所需的图纸、技术资料和相关检修记录，制定检修方案（含焊接方案）或检修作业指导书，产权单位、检修单位按规定进行检修作业的双向交底，并做好交底记录。

4.1.2 按要求备齐检修所需工器具、吊具、量具等。

4.1.3 备齐检修所需的备品、配件、材料（包括填料、除沫器丝网、紧固件、O 形圈、垫片等）和劳动保护用品等。检查核实备品、配件、材料的规格尺寸和材质是否满足技术要求。

4.1.4 从事氮水冷却塔检修的所有人员必须身体健康，经过三级安全教育合格。

4.1.5 检修前施工现场 HSSE 的条件确认

4.1.5.1 设备接管（指设备与第一道阀门之间的管道）内介质吹扫、置换合格。

4.1.5.2 切断进、排气管线，法兰处加盲板；排除塔内氮气；切断进、出塔水管线，法兰处加盲板；排除塔内积水。

4.1.5.3 检查确认是否按规定办理了各类作业票证。特别注意：动火、防窒息分析的取样要具有代表性。人员进入氮水冷却塔内部检修前，氮水冷却塔必须进行空气置换，及至内部氧气含量为 19.5% ～ 23.5%，防止发生内部氮气窒息事故或氧中毒；进入人员需佩戴测氧仪，同时应配备通风等相应安全防护措施。

4.1.5.4 检查确认氮水冷却塔内部检修、照明用电符合标准规范。

4.2 检修质量标准

4.2.1 填料尺寸符合设计要求，装填时不得混装、不得接触油脂、不得直接从塔顶部直接倒入，应从不同高度的人孔处进行分层装填。

4.2.2 除沫器的丝网洁净、无堵塞；如有更换丝网，应铺设平整并固定，其规格和材质应符合设计要求。

4.2.3 支撑栅架网孔畅通，其水平安装偏差≤ 2‰ D（D 为筒体公称直径）；且＜ 4mm，栅板支撑牢固平整、无松动。

4.2.4 塔体垂直度允差 ΔH（H 为筒体高度）要求见表 1。

表 1 塔体垂直度

塔体高度 H/m	塔体垂直允许偏差 ΔH/mm
$H \leqslant 3$	ΔH=3
$H \leqslant 15$	ΔH=1/1000H
$H > 15$	ΔH=0.5/1000H

4.2.5 喷淋孔径符合设计要求。

4.2.6 喷淋装置安装标准见表 2：

表 2 喷淋装置安装标准

名称	水平度偏差 /mm	中心线偏差 /mm	高度偏差 /mm
管式喷淋	$D \leqslant 1500$　3	3	3
盘式喷淋	$1500 \leqslant D$　4	3	3
莲蓬头喷淋	安装轴线偏斜≤ 1	3	3

4.2.7 再分配器应无变形、平面度符合设计要求，其水平安装偏差≤ 2‰ D（D 为筒体公称直径）。

4.2.8 安全附件校验、修理应符合设计文件或标准要求；测量仪表显示控制系统应灵敏、指示准确，调校、修理应符合设计文件或标准要求。

4.2.9 接地线良好，对地电阻应符合设计要求。

4.2.10 阀门、法兰密封面应完好，无划痕、凹坑、沟槽、腐蚀等。采用直接研磨或焊接后铲平研磨、高分子涂层等修理方法的，研磨后密封面的粗糙度不低于 R_a0.8。

4.2.11　检查基础有无下沉、倾斜、破损，螺栓、垫铁等有无松动、损坏。对于不符合设计要求的缺陷进行修复，包括调整塔体垂直度。

4.2.12　氮水冷却塔的绝热层维护检修质量标准按 SHS 01033《设备及管道保温、保冷维护检修规程》执行。

4.2.13　氮水冷却塔的防腐涂层维护检修质量标准按 SHS 01034《设备及管道涂层检修规程》执行。

4.2.14　氮水冷却塔的壳体及零部件检修质量标准按 SHS 01004《压力容器维护检修规程》执行。

5　试验与验收

5.1　试验前的准备

5.1.1　备齐试验所需的试压机具、工装、材料、测量仪表等物料。

5.1.2　检查确认各项检修项目已完成，检修记录齐全，检修质量符合本规程 4.2 条检修质量标准的规定。

5.1.3　检查确认设备内部洁净、无杂物，封闭人孔、窥视孔。

5.1.4　拆盲板，连接好阀门、管道。

5.1.5　检查确认设备零部件完整无缺；安全附件校验合格，齐全完整；仪表附件齐全、准确、灵敏、可靠，螺栓紧固。

5.1.6　工艺处理完毕，各专业人员共检完毕，具备试验条件。

5.2　试验

5.2.1　按设计文件或标准要求进行盛水试验、气密性试验或煤油渗漏试验等。

注意：盛水试验、煤油渗漏试验应在填装填料前进行。

5.2.2　按设计文件或标准进行气密性试验合格。

5.3　验收

5.3.1　氮水冷却塔检修完毕后，应组织检查验收，确认检修项目完成并且质量合格。

5.3.2　氮水冷却塔检修资料齐全，至少包括：

5.3.2.1　更换零部件、干燥吸附剂的质量证明书、有关检验报告；

5.3.2.2　氮水冷却塔检修质量控制确认表；

5.3.2.3　氮水冷却塔试验与验收数据记录表；

5.3.2.4　安全附件校验、定压记录；

5.3.2.5　封闭记录；

5.3.2.6　检修竣工验收单。

5.3.3　按操作规程对空气冷却塔投入使用，符合工艺指标，运行一周后，设备本体及各部件、附件无异常情况，密封点无泄漏，办理竣工验收手续。

6 维护与故障处理

6.1 日常维护

6.1.1 认真检查设备运行参数，严禁超温；
6.1.2 对氮水冷却塔运行状态进行定期巡回检查，并做好相应记录；
6.1.3 定期检查各附件是否完好；
6.1.4 检查塔外物料管线是否振动、泄漏；
6.1.5 检查密封情况以及连接螺栓是否松动；
6.1.6 液面计指示是否正确，定期进行清洗或更换；
6.1.7 除沫器是否工作正常；
6.1.8 保持绝热层、防腐层完好。

6.2 常见功能故障与处理

氮水冷却塔常见功能故障与处理见表 3。

表 3 氮水冷却塔常见功能故障与处理

功能	功能故障	故障模式	故障后果	故障应对策略与检修内容	检修周期／月
保证出氮水冷却塔的水温达到设计值，用以冷却后续工艺，确保放空的氮气干燥不带水，提供氮水冷却交换的通道	出塔水温过高	进水量过大； 筛板脱落，筛板堵塞，填料破损或结垢严重	装置降量或停工	1. 减少进水量； 2. 筛板加固或清洗筛板，更换或清洗填料	视情而定
	放空带水	筛板脱落或结垢严重； 填料结垢或损坏严重； 污氮三通阀坏； 除沫器堵； 水液面过高； 冷却水出现偏流或液泛； 气体量过大	装置降量或停工	1. 筛板加固、更换、清洗； 2. 填料清洗或更换； 3. 检修或更换阀门； 4. 清洗除沫器； 5. 调整水流量； 6. 更换填料规格； 7. 控制进气量	视情而定
	静密封点泄漏	紧固件松动或预紧力不够； 垫片损坏； 法兰面损坏	装置降量或停工	1. 紧固或更换螺栓； 2. 更换垫片； 3. 修复或更换法兰； 4. 带压封堵	视情而定

附 录 A
（资料性附录）
氮水冷却塔检修质量控制确认表

位号	名称	规格	设计条件		操作条件		介质	主体材质
			温度	压力	温度	压力		

序号	主要检修内容	质量标准	控制级别	检查情况	施工单位检查确认人	生产装置检查确认人	设备管理部门检查确认人	日期
1								
2								
3								
4								

控制级别说明： A：施工单位、生产装置、设备管理部门专业技术人员检查确认后签字。
B：施工单位和生产装置专业技术人员检查确认后签字。
C：施工单位专业技术人员检查确认后签字。
另：如果有监理，监理的职责由甲方授权。

附　录　B
（资料性附录）
氮水冷却塔试验与验收数据记录表

<table>
<tr><td>试验类型</td><td colspan="3">□水压　□气压　□气密</td><td>设备名称</td><td colspan="2"></td></tr>
<tr><td>设计压力</td><td colspan="2"></td><td></td><td>设备位号</td><td colspan="2"></td></tr>
<tr><td>设计温度</td><td colspan="2"></td><td>MPa</td><td>操作介质</td><td colspan="2"></td></tr>
<tr><td>压力表
精度等级</td><td colspan="2"></td><td></td><td>压力表
量程</td><td colspan="2">MPa</td></tr>
<tr><td>压力表
检定日期</td><td colspan="2"></td><td></td><td>压力表
表盘直径</td><td colspan="2">mm</td></tr>
<tr><td>环境温度</td><td colspan="2"></td><td>℃</td><td>试验介质
温度</td><td colspan="2">℃</td></tr>
<tr><td colspan="2"></td><td>奥氏体不锈钢设备试验
用水氯离子含量</td><td colspan="4">mg/L</td></tr>
<tr><td rowspan="3">耐压试验</td><td>试验部位</td><td></td><td></td><td>试验介质</td><td colspan="2"></td></tr>
<tr><td>试验压力</td><td></td><td>MPa</td><td>保压时间</td><td colspan="2">min</td></tr>
<tr><td>试验结论</td><td>□</td><td colspan="2">□有渗漏
□有可见异常变形
□有异常响声
□不合格</td><td colspan="2">□无渗漏
□无可见异常变形
□无异常响声
□合格</td></tr>
<tr><td rowspan="3">气密试验</td><td>试验部位</td><td></td><td colspan="2"></td><td>试验介质</td><td></td></tr>
<tr><td>试验压力</td><td></td><td colspan="2">MPa</td><td>保压时间</td><td>min</td></tr>
<tr><td>试验结论</td><td>□</td><td colspan="2">□有渗漏
□有可见异常变形
□有异常响声
□不合格</td><td colspan="2">□无渗漏
□无可见异常变形
□无异常响声
□合格</td></tr>
<tr><td>补充试验</td><td colspan="6"></td></tr>
<tr><td colspan="2">设备管理部门</td><td>监理单位</td><td colspan="2">生产装置</td><td colspan="2">施工单位</td></tr>
<tr><td colspan="2">专业工程师：

日期：　年　月　日</td><td>专业工程师：

日期：　年　月　日</td><td colspan="2">专业工程师：

日期：　年　月　日</td><td colspan="2">专业工程师：
质量检查员：
施工班组长：
日期：　年　月　日</td></tr>
</table>